西村祐子
Yuko Nishimura

皮革とブランド

変化するファッション倫理

岩波新書
1975

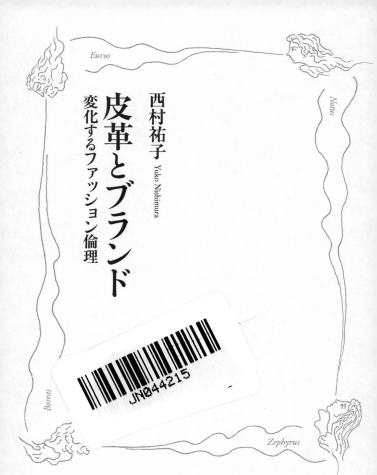

はじめに

二〇一九年の暮れ、中国の武漢で最初に発見された新型コロナウイルスは世界中に拡散し、さらに変異株が猛威をふるった。誰もがコロナ以前と以後で世界は大きく変わったとみている。コロナ禍は我々のライフスタイルに急激な変化をもたらした。順調に拡大を続けるかにみえていた世界の消費市場は強いブレーキをかけられた。外食産業や映画館などの娯楽産業、そして観光産業も自粛によって人出がぱったり途絶え振るわなくなった。空港の免税店や高級ホテルのアーケードでショッピングを楽しむ客に照準をあわせてきた高級ブランド産業も同様だ。高額な皮革製品を気前よく買ってくれる客はぷっつり姿を消してしまった。ファッションのトレンドセッターだった若者たちにもストリートという「見せ場」をなくした戸惑いがみられる。

いったいこの苦境に出口はあるのだろうか。何らかの解答を得たいと思い、英国の皮革専門家をテレビ会議に呼び出した。二〇二〇年、四月のことだ。呼び出したのは、ロンドン郊外に住む皮革産業とファッションやブランディングに詳しいマイク・レッドウッド教授だ。だが彼

の答えは予測していたよりずっと悪かった。有名ブランドのファッションショーはオンライン
に切り替わり、お金を使ってくれる富裕層も若者たちも家にこもりきりだ。今後一〇年余りは
欧米のラグジュアリー・マーケットの復活は見込めないだろう。そうため息をついて肩を落と
した。

　当時EU圏ではいち早くドイツがコロナ禍を制圧しつつあると報道されていて、欧州の経済
の歯車は少しずつ回りはじめたかに思われていた。だが、教授によると皮革工場で生産してい
るのは安い価格帯のものが多いという。今後も客の財布の紐はゆるまず、イタリア、スペイン
ですら、しばらくは高級品ではなく手ごろなものしか売れないだろう。

　欧米が望み薄だとすると、これから高級ブランドはどこにターゲットを絞ってゆくのか。彼
は「東だ」と即答する。「これからは東アジアが景気回復の先頭を切るはずだ。だから日本の
中小の皮革メーカーには十分チャンスがあるだろう。」

　だが、この情報は筆者にはあまり信用がおける言葉には聞こえなかった。中国は混迷してい
るし、日本でも消費の回復は見込めない。日本の皮革メーカーが海外の高級皮革メーカーに太
刀打ちできるだろうか。もし欧米に対抗するとすれば、具体的にいったい何が必要とされてい
るのだろうか。それさえもわからない。第一、コロナ禍が明けるまでに中小の日本の皮なめし

工場や製品加工産業が生き残っていられるかどうか。何故そう思ったかというと、コロナ禍以前から進行しつつあった世界のブランドの潮流の変化にあまりに日本の業界は無関心だったからだ。その変化の大きなものは「倫理」の変化だ。

ファッションやブランドと「倫理」がどう結びついているのか。なぜ皮革と高級ファッションブランドは抜きがたい関係にあるのか。そしてその関係に二一世紀の倫理がどう反映しているのか。それを考え説明するために本書は書かれた。

ここ一〇年余り皮革についてのリサーチをしながら、筆者は日本の皮革業の「ブランド」をどのようにつくりあげられるか考えてきたが、その間に、もっと大きな景色が見えてきた。グローバルなファッションの流れの中に姿を現しつつある二一世紀の産業倫理だ。ファッションとつながる現代のポップカルチャーを読み解くことでも、新たな「ファッション倫理」の姿が見えてきた。コロナ禍でかえってその倫理は強調されてきたかのようだ。

序章では、まず「ファッション」とは何かを簡単に定義してみる。ファッションはいかにして「時代の倫理」を映し出すのだろうか。「ブランド力」や「ぜいたくさ」とは何だろうか。

第一章では、皮革と歴史的にかかわりを持ってきた集団について考察してみる。人々が思い浮かべる高級ブランドはグッチやエルメス、ルイ・ヴィトンといったメーカーだ。それらのブランドが扱う皮革製品は高級品のシンボルともなっている。皮革という素材は一筋縄ではいかない複雑なシンボリズムをもつ。高級さと宗教的なタブーや忌避感が同居している。中には皮革業に携わることで英国のギルド組織のように社会的ステイタスを確立し大きな飛躍を遂げたマイノリティ集団もあるが、だが他方で皮をなめす作業がケガレと見なされ、一般市民から忌避されてきた歴史もある。そんな皮づくりの人々がつくりだした皮革の「ブランド」についても考察してみたい。

第二章と第三章では、ファッション産業とポップカルチャーの視点から皮革と「ファッション倫理」を考察してゆく。第二章では、現代のファッション文化や高級ブランドを支えてきた一九世紀以降の量産体制の成立について見ていく。量産体制の利点と同時に、労働や資源の搾取という影の部分についても考察してみる。

第三章では、皮革とファッション産業がどのようにポップカルチャーとかかわっているかについて考察してみる。皮革が「ぜいたく感」「高級さ」のシンボルであるだけでなく、「異形性」や「異議申し立て」の表現として選択されてきた背景について考える。グローバルなポップカルチャーの中核に位置するパンクやヒップホップが体現する対抗文化的な要素は、どのように皮革とかかわっているのだろうか。二一世紀のファッション倫理の中に少数者の「倫理」

はどのように組み込まれてきたのだろう。

第四章では、変貌する革と産業倫理の関係について考察する。革が持つシンボリズムと、環境に配慮する「二一世紀の産業倫理」はどのように折り合いをつけていくのだろうか。そしてそれは皮革のブランディングにどのような影響を与えてゆくのだろうか。

第五章では、日本の皮革産業のブランド力を育てる可能性について考察してみる。近世までの日本の革づくりは「皮田《かわた》」と呼ばれる人々によって担われてきたが、明治以降は西欧式の量産型の皮革産業に取って代わられた。誰もが皮革産業に参入できるようになったものの、現時点で日本の皮革にグッチやエルメスのようなブランド力はない。日本の皮革職人たちが革づくりの歴史を取り込み、世界に通用するブランドを育てることはできるだろうか。二一世紀の皮革産業は様々な挑戦を受けている。合成皮革だけでなく天然素材を使ったヴィーガンレザーと呼ばれる「合皮」も誕生した。これらの「合皮」と皮革との共存はありえるのだろうか。そしてこれらの第二の革の存在は、革をめぐるファッション倫理とどのように結びついてゆくのだろうか。

互いに他に害を及ぼさず、平和に存続し、相互扶助をつくりだすルールとしての「倫理」は時代と地域によって少しずつ変化してゆく。今日のグローバル化した社会においては「倫理」

のもとで我々が考えなければならない範囲はきわめて広い。モノの生産地とされてきた地域や国が環境被害や過酷な労働搾取によって蝕まれることの弊害について思い至ることは、結局自分の足元を見つめることになる。そう気づかされる時代だ。コロナ禍をへて、人々は倫理的な問題にますます敏感になっている。

『ヴォーグ』誌の読者を対象とした世界規模の調査によると、ファッション商品を購入する際にサステナビリティを重要な要素とする回答者は、二〇二〇年一〇月の六五パーセントから二〇二一年五月には六九パーセントに上昇した。「オーガニック」「ヴィーガン」「リサイクル」と表示された商品を目にする機会も増え、ファッションを持続可能なもの、環境に配慮したものにしようという動きが日常化している。

ファッション産業は、実は最も環境を汚染し労働力を搾取する産業の一つだ。その悪評を払拭し、「ブランド」の価値を高めるには多大な努力を必要とする。ポスト・パンデミックのファッション倫理は、単にモノだけでなく、それを所有する人とファッションの関係にも大きな変化をもたらす。

終章では、ポストコロナ禍時代の産業倫理に皮革産業とファッション産業がどのようにかかわってゆけるかについて、再度考察してみたい。

目次

目　次

序章　ファッションとブランド——革から考える

まちのグラフィティ（落書き）を模したショー会場内の撮影用衝立の前でポーズをとる招待客たち．全員が手持ちのルイ・ヴィトンの製品を身につけている（2019年．GettyImages〈Bertrand Rindoff Petroff 提供〉）

ファッションとブランドは不可分？

日本語では「ファッション」は「流行」と意訳される。文化・時代のトレンドを漠然と表現する手段や現象そのものをさすこともある。時代を映す人々のライフスタイルや思想をさすこともある。時代と階級に区切られた国や地域のライフスタイルのトレンドがファッションだとも言われる。今日のように貴族階級や特権階級といったごく一握りの影響力を持つ人々がつくる風俗習慣を超え、様々な地域を発信源とする流行がグローバルに広がる。そんな時代でも、一地域から出現した「トレンドセッター」たちや庶民集団が醸《かも》す世界の「雰囲気」が時代の流れを巧みに表象し、流行をつくりだすこともある。トレンドを敏感に読み取ったデザイナーやディレクターたちがグローバルな資本に支えられ、「ライフスタイル」として示すのが流行だとも言える。

衣服、履物、アクセサリー、メイクアップ、ヘアスタイルなどは「庶民の思想的トレンド」の表現でもある。絵や彫刻、演劇などの「アート」は日常的に身にまとったり使ったりするわけにはいかないのだが、服やバッグ、靴、あるいは食品や持ち物であればライフスタイルとして日常的に使い、それらに囲まれて生きることができる。

このため、ファッション産業もまた「時代の流れ」を読み取って商品化することに余念がない。それと密接なかかわりを持つのが「ブランド」だ。

多くの人々が信頼し、すでに肯定的な評価を寄せている「ブランド」は、モノやコトを引き起こす組織、情報などを意味することもある。「ブランディング」はブランドをつくること、その過程全体をも含んでいる。ブランドになりうるのは目に見える製品だけではない。特殊な技能や能力を持つ人、サービス、あるいはイベントであったりもする。かけがえのない「経験」、あるいは「場所」がブランドになってしまうこともある。財産や資産、組織、情報、アイデアなど、人々の欲求や必要性を満たすために市場に提供されるあらゆるものがブランド化されうる。

皮革製品は、高級ファッションブランドにとって不可欠なブランドの「顔」ともなっている。衣服や小物類と違い、息が長く、一度売れて定着するとそのまま数十年間売れ続けるから値段を下げる必要もない。高級ブランドとされるルイ・ヴィトン、グッチ、シャネル、エルメスなどのファッション産業メーカーは高級皮革製品から莫大な利益を得ている。二〇二〇年から始まったコロナ禍下でさえも、ルイ・ヴィトン、グッチ、エルメス、ディオールの四大ブランドは、当初の厳しい予測をはねのけ、販売実績を大幅に伸ばし、新店舗を増やすほどの勢いだ。

ブランドとはモノを示す「標識」のようなものでもある。それゆえ経験、情報などから形成されるものが核となる。しばしば品質自体よりも神話をふくめた経験、情報などが優先されることもある。だからこそ有名ブランドは自社の商品を集めた「美術館」をつくり、訪れる客に対してストーリー性を訴える。肯定的な情報を与え、親しみをもってもらうのだが、それは知識を得る体験もまたモノの価値となるからだ。それは高級志向の消費者を惹きつける手段でもある。

オリエッタが語る「ブランド」とは

イタリア皮革協会(リネアペレ)でコンサルタントをつとめるオリエッタに初めて出会ったのは二〇一九年の春のニューヨークだった。世界皮革会議に招待されスピーチをするために、壇上に向かうオリエッタは小脇に美しいバッグを抱えていた。まったく見たことのないデザインと色使い。それでいてとてもエレガントだ。講演をするのに大ぶりなハンドバッグをわざわざ抱えているのが不思議だったが、それを横にあるソファにぽんと置き、皮革の「ブランド力」について語りはじめた。話が終わると思って拍手をしかけたとき、「では最後に」と言って片手でソファからハンドバッグをとりあげた。衆目がそのバッグに注がれた。「たとえばこの美しいハンドバッグ。このバッグを初めて見たとき、私はどう感じたでしょうか？」聴衆を見渡しながら彼女は尋ねた。彼女はそのバッグと恋に落ちた。「どうしても欲しい！」「値段？　そんなものどうでもいい！」そうして彼女は笑みを浮かべる。「そう！　それがブランドというものなのです！」

聴衆が一斉に納得して相槌を打ち、拍手する。筆者も、うなってしまう。ああ言われたら「あの、そのすてきなバッグですが、お値段はいかほど？」などと到底聞きだせなくなる。同時に値段を気にする自分をはしたないと感じながら「ああ、欲しい！　買えるお金があればなあ」と、やたらと欲しくなった。見とれすぎてそのバッグの写真をとるのも忘れたほどだ。持つ人を引き立て、周囲を振り向かせ「値段はいくらだろう？」「どこのブランドだろう」とやきもきさせる。でも大抵の人々はあきらめてしまう。店で「これが欲しい！」と指さす人々は「金額なんて気にしない。」その段階からあのバッグはおのずと持つ人を選ぶ。厳しい選別をするのはブランド力自体だ。

休息タイムにオリエッタに話しかけ、ミラノでのインタビューを申し込んだ。筆者の頭の半分はあのハンドバッグのことでいっぱいだったが、金額を聞いてがっかりするのが恐ろしくて結局一言も触れられなかった。

過酷なミラノのファッション・ウィーク

オリエッタに再会を果たしたのはその年の八月だ。場所はミラノ。イタリアでも流行の先端をいくとされ、商業の中心地とも言われているまちだ。国内でも抜群に地価が高く、ホテルの宿泊代もかなり高いのだが、遺跡と歴史的建造物だらけでにっちもさっちもいかないローマ市内のような「ごちゃごちゃ」感がない。ミラノにオフィスをかまえられるのなら間違いなく「一流企業」だといえる、とイタリアに詳しい人に聞いたことがある。イタリア皮革協会はそんなミラノのブリサ通りの静かな一角にあるビル内にある。ダ・ヴィンチの「最後の晩餐」の絵で有名なサンタ・マリア・デッレ・グラツィエ教会から二五分ほど歩いた距離だ。

彼らは最近イタリア現代皮革のミュージアムをオープンさせていた。ポスト・モダンのテイストがすっきりした空間におさまっていて「イタリア皮革が欲しくなる」ようなつくりだ。

ミラノの人々はうだるような暑さを避け、八月は大抵避暑にでかける。だがオリエッタは行けない。ファッション・ウィークの準備があるからだ。連絡をとるとすぐに時間をつくってくれた。だが再会した彼女は別人のようにげっそりやつれていた。近くの編集スタジオから抜け出してきたと言い、夏の暑さよりも今抱えている仕事の過酷さにまいっているようだった。

八月上旬は九月のファッション・ウィークの準備のたけなわだ。ひとつの皮革メーカーのためではなく、イタリア皮革全体の今年の「テーマ」に沿ったわずか数分のプロモーションビデオをつくっている。だがそれがなかなか仕上がらない。年ごとに変わるトレンドを追って、シーズンごとに微調整されるテーマで、ビデオをつくる。毎シーズンつくっては捨て、つくっては捨て、の繰り返しだ。

ミラノだけではない。ニューヨークやパリ、あるいは新興国の都市でイタリアの革を展示し、プロモーションビデオをみせて宣伝する。苦労してこしらえたイメージを捨て、ミラノのファッション・ウィークのためにまた新たなプロモーションビデオをイチからつくる。

「もうだめ。疲れていいアイデアが浮かばない。最初のシーンのライティングが強すぎる。ちょっと休んだら最初からコンセプトをつくり直すわ」と、後ろに控えているADに言いおいて、リネアペレの事務所があるビルに向かって歩き出した。やつれた身体とくしゃくしゃに結い上げた髪を振り乱すようにして首を振り、ため息をつく。「ああ、どうしよう。明日からソウルに三日間出張なの。そのプレゼンの用意もまだしていない。」

出張から帰ってきたら早々にミラノのファッション・ウィークのリハーサルに突入する。ビデオだけではなくステージングから展示のアレンジまで、彼女が采配を振るわねばならない部分は多い。

超有名ブランドのアート・ディレクターともなれば、もっと過酷だ。最低限ミラノ、パリ、ニューヨークというファッションの最重要地点をひんぱんに行き来する。シーズンごとにそれぞれの地点での新しいプレゼンの準備のために、乾いた雑巾を絞るようにしてアイデアを捻りだす。

アート・ディレクターは多数のデザイナーやアシスタントを配下に従え、昼夜議論を重ねながら素材を選び、デザインを決め、現場で実際に製品をつくってゆく。複数の分野を横断してプロジェクトを引き受け、美術館や工業製品のデザインまで手掛けてしまう人もいる。働きすぎてドクターストップがかかったという人もいるほどだ。

世界中からバイヤーやプレス(報道関係者)が集まるファッション・ウィークはきわめて重要な機会だ。最も重要な場所は第一グループのパリ、ミラノ、ニューヨーク、ロンドンだ。東京はその次の第二グループで、ベルリン、フィレンツェなどと並んでいる。だが、昨今は途上国でも注目されるファッションショーが増えている。途上国政府もまたファッション産業を育てようともくろんでいる。

アジアは今や消費地であるだけでなく自らトレンドを生み出す地域だ。リネアペレにとっては東京、上海、ソウル、クアラルンプール、シンガポール、ムンバイ、バンコックなどは、どんどん宣伝員を送り込まねばならない都市だ。アフリカや南米にもファッション基地は増えている。

高級ブランド品は高額だが希少ではない

かつては「一点もの」とか「世界に数個しかないもの」などが名品とされ、ブランド品として知られていた。だが今は異なる。「ブランド品」はある程度高額ではあるが一般の人々も入手不可能ではない。高級ブランド品は東京、ソウルのショッピング・アーケードでも入手可能だ。新興国でも富裕層やミドルクラスが急激に増えるにつれ、高級ブランド品の需要のグローバル化が進んだ。その大がかりな仕組みが今日のブランド市場を支えている。

ファッション・ウィークに登場する小物製品の中でもっとも重要なのが皮革製品だ。アパレル（衣類）は高額だが、それ以上に高額なのが皮革製品で、有名ブランドにとっての稼ぎ頭だ。

グローバルに売るのに皮革製品は便利でもある。服のように国や地域ごとにサイズを取りそろえなくてよいからだ。バッグや鞄、手袋、財布などはワンサイズでＯＫだ。単価も高く汎用性もあり、男女兼用だったりもする。服より長持ちするからみせびらかしにも長く持つにも良い。「ブランド品」として大事にされ、リセールのマーケットも充実している。

二〇一九年までの世界では高級皮革製品のグローバル市場は年五パーセント以上の高成長率を遂げていて、アパレルの二パーセントと比べても高かった。二〇一八年のデータをみると、革製品は年間四八兆円を稼ぎ出していた。二〇一八年に六兆円を稼ぎ出したアパレル市場の八倍だ。

だが革はぜいたく品であるだけでなくいたって庶民的だ。日用品としても使え、長持ちする。その気軽さと汎用性の高さゆえか革製品は若者の間でも抜群に人気がある。革ジャンは破れたジーンズやTシャツ、フーディーと合わせて着られる。高級ブランドの革製品ならなおさら引き立つ。ジーンズにスニーカーを履きブランドものの革ジャケットやバッグをさりげなく「ヒップな」感覚で着こなす。上から下まで上品ぶったハイファッションでキメるのはかえって「ダサい」と軽蔑されるかもしれない。

EUを足場にイタリア革は発展した

「黙って座っていてはだめ。どんどん前にでて売り込まなくては。」イタリアの皮革業者はいつも積極的だ。世界各国でバイヤーを探し、話しまくって丁寧に売り込む。イタリアの皮革業者に限らない。中国やスペイン、フランスの皮革業者も活発に世界を飛び回る。皮革市では日本の靴メーカーやデザイナーは商品を展示してそれなりの評価も得ている。だが日本の皮なめし業者の姿はそこにはほとんど見られない。日本の皮なめし業者は内向きだ。海外では日本の皮革業者は「マーケティングが下手だ」とすら言われているほどだ。日本では内需が大きいので外に売り込む努力をしなくても産業がなりたってきたからかもしれないし、関税障壁で守られていた時代が長く続いたからかもしれない。だが一九八〇年代すでにそれは大きく変わった。日本の皮革を見て作り方を学んできた中国が、日本よりはるかに安い労賃で革製品をつくって日本で売りまくったのだ。「途上国」という関税優遇措置を逆手にとり、中国の業者はどっと日本にはいってきた。日本の中小皮なめし業者はひとたまりもなく敗れ、次々に廃業し、中には夜逃げをした業者もいた。一方、その間欧州でめざましい成長を遂げたのがイタリアの皮革産業だ。

成功のカギとなったのが一九五八年に発足したEEC(欧州経済共同体)だ。一九六八年に関税同盟が発足し、一九九三年にEUとなって、圏外からの皮革には関税がかけられるようになった。当初からのメンバーだったイタリアはEU内で革の生産地として発展した。スペインの加入が認められるのは成立から二八年後だが、それまでにイタリアの革はすでにEU外にも進出し、その地位を不動のものとしていた。フランスが高級品のみを扱っていたのに対し、イタリアは中級から上級品までを扱い、「質の高いEU産の革」としてのブランドを確立していったのだ。

インターネット時代を生かした強み

ではイタリアの特長はどこにあったのだろうか。それは一言でいうと欧州の中央に位置し、ギルド（職業別の伝統的共同組織）によって守られてきた「技能」と「伝統」を培ってきたことだ。その歴史は今でもイタリア革に対する信頼となっている。加えてイタリアの皮革産業は生産性を高める努力を怠らなかった。中国からの安い革に対抗して、EUの厳しい環境基準をクリアーした「品質の高さ」を売り物に、「一定以上の質を保ちつつフランスの革ほど高額ではない」点もアピールしてきた。イタリア革が一気に世界を席巻したのが一九九〇年代後半だ。インターネットによるグローバル化の加速によるものだ。それまではあまり日の当たらない場所にいた中小の皮なめし業者にもチャンスが巡ってきた。自分たちのブランドの革製品をつくり、顧客サービスを大事にすればEU内だけでなくそれ以外の国々とも商売ができる。インターネット時代の到来と共に、少しばかり値が張っても「欲しい」という消費者が世界中に出現した。

グローバルネットワークによってブランド品が効率的につくられる時代を迎え、イタリアの革を輸入し、その革でつくった「シューズ」「バッグ」「財布」などが日本でも縫製されるようになる。「イタリア製の革」をつかった「日本で縫製されたバッグ」や「日本でデザインされた靴」の製造が可能になったのだ。お互いの長所を生かし、新たなブランド品として出現させる「コラボレーション」も花盛りだ。

「ぜいたくさ」と「倫理性」

だがグローバル化してまでも人々が求める「ぜいたくさ」とは、いったい何だろうか。インターネット時代だからこそ、この疑問に答えるのは重要だ。何を本当の「ぜいたくさ」と感じるかは人によって異なる。それはとらえどころのない満足感を与える体験。それは「はやり」とはあまりかかわらないようにも感じる。一杯の紅茶を緑の生い茂る自宅の庭先で味わうことさえできれば「ぜいたくだ」と感じる人もいるし、ブランド品のハンドバッグを買って「ぜいたくを味わった」と思う人もいる。何を幸福と感じるかが人によって異なるように、ぜいたくさとは人によって大いに異なる。

そもそもブランディングは、自分の牛と他人のそれを区別するためにつけた焼きごての印からはじまったと言われている。だから多くの人に識別されなければブランドの意味がない。企業や組織がもっているものだけでなく、個人そのものがブランドになることもある。人間国宝がつくった刀はその人の技能と実績により、モノである刀をブランド化する。

だが、ぜいたくさよりもブランドに求められるのは「信頼」だ。Aというブランドの品物やサービスを買っても裏切られることはない。そう思うのが「信頼」だ。この信頼と関連するのが「倫理性」だ。二一世紀におけるブランド品にはこれが大きくかかわってくる。インターネットによって世界が瞬時に繋がる時代であればこそ、ブランドは「時代の倫理」を意識することが必要となるはずだ。それなくしてブランドは維持できない。逆に言うと、二一世紀の倫理とは何かを考えることなくしてはブランディング自体がなりたたない。筆者はそんな問題意識から本書を書いてみようと思い立った。

第一章　「革づくり」職人と「革の道」

——卑賤なものからブランドへ

ロンドンにあるレザーセラーズ・カンパニーの建物前にある皮なめし人の像(2022年，マイク・レッドウッド氏撮影)

第一節　革とギルド

卑賤とされた皮なめし人たち

「皮なめし」という職種をご存じだろうか。動物の皮を剝がし、原皮と呼ばれる毛が残ったままの厚い皮膚を加工して、「革」に変える仕事だ。肉を食べた後には皮が残る。その皮は、そのままにしておくと腐ってしまうので、埋めるか焼却しなければならない。だが、それを再利用し、革という製品にすることもできる。それが皮なめしの仕事だ。すぐにダメになってしまう生ものが恒久的なモノと化すことで、初めて靴やベルト、衣類などに使われる素材になる。どんなに上手な革細工職人でも原皮の状態では加工ができない。皮なめしが革産業の基礎をつくっているのだ。

ところが皮なめしは多くの文化の中で卑しい仕事とされてきた。アジアではケガレという宗教的な概念によって、特定のカースト集団を「アンタッチャブル」(被差別カースト)としていた地域もある。このような差別は欧州にもかつては存在していて、今でもその差別意識が完全になくなったわけではない。英国のノーサンプトン大学で皮革デザインを教える女性が言う。「私たちは世界中の一流企業から皮革デザインを専攻した学生をぜひ送って欲しいと頼まれます。しかし専攻する学生の数が少ないので要望に全然応じきれないのです。」「革」というものへのためらいがあり専攻する学生がそもそも少ないのだ。服飾やアクセサリーのデザイナー志望ならたくさんいるというのに。

だが革は日常生活における必需品でもあった。どこの村やまちでもつくられていた。ウサギやイタチなどの小動物の皮なめしは、かつては農民も農閑期に行っていた。しかし、大量に革が必要な時代になると、皮なめしは職種として専門化していき、卑しい仕事と見なされるようになっていく。だが原皮はひとたび皮なめし人によって革に加工されると、重要な軍需品やぜいたく品へと生まれ変わることができるようになる。皮革加工の専門職人が活躍し、革製品を取り扱う商人たちが売り買いし、大きな利益を得てゆく。そんなぜいたく品の元を生みだす皮なめし人が、なぜ長い間差別される低い地位に甘んじなければならなかったのだろうか。

その理由は、皮なめし人の仕事の内容にあった。彼らの職場は、悪臭と闘いながら屍《しかばね》から皮を取り出す過酷なものだ。動物を解体してゆく過程では、常に臭気や汚れにまみれなければならない。毛抜きを促進するために使う酵素には、犬の尿や、動物の脳を腐らせたものが使われたこともある。　酷寒の冬に川の中で皮を洗い、何十キロもの重さの原皮を担ぐ重労働もある。それゆえ南ドイツでは、一八世紀末にいたるまで皮剝ぎや皮なめしは流れ者や移民たちが従事する仕事とされてきた。それらは「不名誉な仕事」として、死刑執行人と同列に扱われていたこともある。

そうは言っても皮なめし人は、土地に縛りつけられた農民が持ちえない利点を享受できる。現金収入が得られ、ある程度の経済的自立を果たせるのだ。専門技能が必要だったから競合相手も少ない。

社会の本音と建て前は違っている。皮なめし業も例外ではない。ユダヤ教の経典『タルムード』では、皮なめし人を卑しい仕事と蔑み、彼らにかかわってはならないとした。人々が口にする肉を提供する肉屋は立派な職業だが、皮なめし業はそうではない、と『タルムード』は言う。新鮮な肉ではなく、屍を扱うからだ。

しかし、皮肉なことにユダヤ人の皮なめし人は多かった。専門知識と経験があれば、どこの都市にいっても生活が成り立ったし、親方になれば経済的な余裕も得られた。初期のキリスト教徒の中にも皮なめし人がいた。キリストの聖使徒として有名なペテロがよく泊まっていたのは、皮なめし人のシモンの家だ。なめしに便利なように海岸近くに住んでいたシモンには、つましいながらも使徒をもてなせるだけの経済的余裕があったのだ。

近世日本の「ジャパン・ブランド」

日本では皮なめしは皮田と呼ばれる人々が担っていた。彼らは近世を通じて卑賤視されていた。しかし、彼らがつくる革を使った工芸品は高額で取引された。革製品は鎖国中の日本からもオランダなどを通じて輸出され、「ジャポニスム」の流れにのって欧州の上流階級を魅了した。皮革製品は明治時代には外貨稼ぎに重要な役割を果たし、「ジャパン・ブランド」をつくりあげるのにも貢献したのだ。

一八七八年のパリ万博を皮切りに、日本の代表的な工芸品のひとつとして姫路産の皮革製品が世界に紹介される。雪のように白く美しいのに、驚くほど強靭でしなやかな日本の白革(姫路革)は「ジャパニーズ・ホワイトレザー」と称され絶賛された。その美しさから、バッキンガム宮殿の衛兵のベルトにも使われたくらいだ。しかもプラスチック製品がない時代には、工業用ベルトや船着き場の荷揚げ用のロープにも使われたくらい、美しいだけでなく実用的だった。この革は、一体どのようにしてつくられたのか。欧米から専門研究者が派遣され、英語やドイツ語で何本も論文が書かれた。しかしそれでも、日本国内では皮なめし人に対する卑賤視はなくならなかった。

ギルドから身をたてた西欧の皮なめし人たち

一方、欧州では中世の終わりと共に、皮なめし人の技術力が認められ、地位も上昇してゆく。近代化の波に乗って、かつては卑しいとされていた多くの職種が社会的地位を高めて専門職へと成長していった。公衆浴場で怪しげな「治療」をしていた「床屋」は外科医となり、「卑賤な」地位にあった「死刑執行人」は絞首刑の廃止とともに徴税人や会計士、薬剤師となってゆく。死刑執行の折に得た臓器に関する知識を利用した民間薬の知識を活かす道が開かれたのだ。「皮剝ぎ人」は毛皮で莫大な利益をあげ、「毛皮商人」や「貿易商人」となった。皮なめしの親方の中には、皮革工場経営者となり企業家になる人物もでてきた。

欧州やアフリカ、中近東、アジアでも、革を扱う職人や商人たちはギルドのメンバーであることが多かった。技能集団としてつくりあげた自治組織で権益を守るほうが、何かと有利だったからだ。ギルドは、多くの都市民が所属する包括的な社会機構となっていた。大工仕事や家具づくり、刃物生産、機械類の生産などの日常必需品にかかわる職人や流通一般にかかわる商人たちはそれぞれの職種別のギルドを興し、生活基盤を支えていた。王侯貴族たちのような特権階級に対抗し、新興階級としての発言権と政治力を蓄えるのにも役立った。ギルドの繁栄は、「専門職」というカテゴリーの出現によって成しとげられたといえる。彼らは集団としてまとまることにより、土地や武力を背景とした支配階級に対抗していく戦略をも生み出していった。

英国では当時皮革製造と販売にかかわる業界が職種によって十数種類ものギルドに分かれ、地域ごとに組織を形成していた。現在皮革ギルドとして英国内に残っている皮革業関連のギルドはわずか七種類余りだ。そしてそれらはもはや直接革づくりに関与する団体ではなく、皮革に関する教育支援やチャリティ事業に資金を提供している慈善団体だ。なかでも最も資金力があり活動的なのが、皮革を売っていたレザーセラーズたちのギルドを前身とする団体である。豊富な資金力を利用して、彼らの先祖の多くは皮革ビジネスから金融街のシティーに転出していった。当然その子孫も超富裕層に属し、皮革業にはほとんど従事していない。しかしそれでも先祖との繋がりを重視してギルドの会員権だけは手放さない。

英国のブルジョア層をつくったレザーセラーズ

二〇一七年九月上旬、筆者はロンドンのシティーにあるレザーセラーズ・カンパニー(Leathersellers Company)会館のレクチャールームに立っていた。ここで開かれる皮革関連セミナーに参加するためだ。実は、筆者はロンドンに一九八〇年代後半から九〇年代にかけて数年間住んでいた。だがシティーとは無縁のしがない学生だったから、会館が立っているこの界隈には足を踏み入れたことすらない。会館が居を構えるのは、観光客が好きなロンドンタワーが対岸にみえる好立地のエリアだ。だが華やかなオックスフォード・ストリートやナイツブリッジなどとはまったく違っていて、きちんとスーツをまとって足早に歩く人々が目につく。みるからに金融関係で働いている人々という風情だ。

後でレザーセラーズ・カンパニー自体がシティーのかなりの部分の土地を持っている大地主だと聞いて、なるほどと思った。慈善団体としての年間一〇〇億円以上の予算は、主に地代からきている。改修が終わった会館のオープニングにはアンドリュー王子が来賓として駆けつけた程、英国の上流階級にも顔がきく団体なのだ。

会館は交通の激しい通りから一歩入った閑静な一角にある。その建物の前には小ぶりのブロンズ像が立っている。かまぼこ型の木の台の上に乗せた原皮から毛をこそげとっている若い皮なめし人の姿だ。気づかないで通り過ぎてしまうような小さな像だが、ホールの正面に立っているところをみると、メンバーたちは皮なめしにかかわっていた先祖に愛着を感じているのだろう。

会館内の意匠も凝っている。皮革の専門家たちが集う場所らしく、壁にも床にも天然なめしの最高級革がふんだんに使われている。壁の一部は柿色の、そしてカーペットや手すりには薄く灰色がかった紫色（モーヴ）の革があしらわれている。天然なめしだから、数百年以上もつだろう。柿色もモーヴも革には難しい色だ。さぞかし名のある職人たちが手掛けたのだろう。その色の革をひきたてるために、ガラスの色までモーヴにし、壁に用いられた革の柿色とマッチさせている。それがいかにもシックだ。

ガラス張りの扉を開けようとすると、金ボタンをつけた伝統服に身を包んだ恰幅のよいドアマンがにこやかに招き入れてくれた。招待されない限り会員以外は入ることはできない。レクチャールームは静謐さを保つために生演奏以外の音響類の使用は一切禁止されている。

人口の増加と皮革需要は比例していた

一八世紀の英国の産業革命が華やかなりし頃、英国の輸出の花形は英国製の機械で大量生産された綿織物だった。これはよく知られた話だ。だが、二番目に多かった輸出品は皮革だった。このことはあまり知られていない。実を言うと綿織物よりずっと高額で利幅が大きい。皮革の輸出にかかわった人々は大いに儲けていたのだ。革はブーツやバッグなどの日用品やぜいたく品になるばかりではなく、重要な軍需品であり工業製品でもあった。プラスチックやグラスファイバーがなかった頃、あらゆる工作機械は革を必要としていた。強靭なベルトやワッシャーなどの部品に革が使われていたのだ。

欧州での革の需要は、黒死病が去り人口が徐々に増えてきた一四世紀末からすでに飛躍的に伸びはじめていた。ひとつには物流を促すために、道路が拡張、整備されはじめ、人々の移動も円滑化されたからだ。物や人を運ぶためのたくさんの馬車が必要だった。馬車の内装や御者の鞍、鞭、革のブーツなどの馬具には皮革が大量に必要だ。当然革の需要は飛躍的に伸びてゆく。

人口が増えると日用品の消費も伸びる。人々が履く靴の需要が増える。製靴に革は必須だ。軍隊でもそうだった。軍靴やブーツだけでなく刀剣や銃を肩や腰に下げるベルト、背嚢《はいのう》類も革でできている。帽子や手袋にも革を使う。こうして皮革関連業者のギルド、特に完成品を販売する「レザーセラーズ」は大いに儲け、大金を手にしてゆく。儲けた金でレザーセラーズ・ギルドはシティーの土地を買い占めていった。そして儲けを手にしたギルドの会員たちはシティーに進出し、実業家や銀行家へと転身していった。

レザーセラーズ・カンパニーのパーティーにはそうそうたる人々がつめかける。革手袋づくりの家系に生まれ、レザーセラーズ・カンパニーの会員の先祖を持つレッドウッド教授も、協会のメンバーだ。だが彼によると、当初はメンバーのライフスタイルに圧倒された。パーティーでメンバーが何気なく話しているビジネスのスケールが違う。大企業の名前がごく普通に話題になり、富裕層のネットワークが見えてくる。

歴史を重んじる英国人たち

ロンドン郊外に住んでつましい生活をしている教授は、集まりの度に汽車でロンドンに向かう。その時は必ず一等をとるようにしている。蝶ネクタイをつけたフォーマルな服装で出ることを要求されており、移動中の汽車のトイレで着替える必要があるからだ。二等車だと狭いトイレなので「苦労して汗だくになる。」パディントン駅についたらパリッとした蝶ネクタイとフォーマルスーツでタクシーに乗りこむ。涼しい顔でこのホールに向かうのだ。教授はそんな涙ぐましい話を披露しながら、英国人がいかに歴史を重んじ、ギルドが好きなのかを熱を込めて語った。

現在の英国のエスタブリッシュメントを見ると、一八世紀後半から一九世紀にかけての産業革命期に資産を築いた人々の子孫が多い。その中には皮革業に携わっていた家系も少なくない。

二〇世紀初頭までは、資本家や有力政治家の家系の中には必ずと言っていいほど皮革ビジネスを手掛けている人が混じっていた。そのくらい皮革は儲かったのだ。

ギルドが「制服ファッション」を制定した

西欧のギルドは、中世から近世にかけて西欧の諸都市に住んでいた商工業者の間で結成された。政治的な声をあげることが許されていなかった庶民の中にあって、いち早く専門技術を身につけた職人や商人たちが集まって興した組織だ。彼らは農民とは異なるライフスタイルをもっていた。そして一三世紀をターニングポイントとして、急速に経済力をつけてゆく。欧州の人口を半減させた黒死病の痛手から立ち直り、欧州の産業が復興していったのはギルドの組織力のおかげでもあった。権益を守り、蓄えた経済力と「同業者の組織力」によって権力者に対抗する政治力を得た職人や商人たちは自ら産業界をつくりあげてゆく。その団結力を示す「ファッション」が制服だ。

英国では、ギルドの構成員はステイタスを誇示するために制服(リヴァリー)をまとう。ギルドの制服を調達するにはある程度の財力が必要だ。それくらいの経済的余裕がある人だけが会員資格を得ることができた。職人層でも親方はその範疇に該当する。だがその下で働いている一般労働者はこれに該当しない。制服はそれほどステイタスを誇示する晴れがましいものであり、集団としての示威行為にはもってこいだ。新たにつくりだしたステイタスの誇示、その集団のブランド化がすすんでゆく。

このため、英国ではギルドはリヴァリー(制服)カンパニー(仲間)と称される。英国外でも確かにギルド組織はあるのだが、制服を誂《あつら》え、身にまとってファッション化することに執心したのは英国ぐらいだろう。

日本でも消防団などが揃いのハッピでキメたりするのだから英国と気質が似ているのかもしれない。だが、当時のギルドの職人や商人たちは支配層に対する強い憧れから、その装束に対する挑戦という意味もあったかもしれない。王侯貴族や高位の僧侶が示威行為としてまちを練り歩く時に身にまとう装束は豪華で威風堂々としている。「いつかは俺たちもあんな風に練り歩いて存在を誇示したいもんだ！」その強烈な憧れがギルドに制服をつくらせた。揃いの華麗な制服には革や毛皮があしらわれ、マントも必須だった。ギルドの紋章が入った帽子を被り、ブーツを履くとまるで貴族のようで、新たなパワーが目に見えるようになる。幸福感も絶頂だったに違いない。

このためロンドンのレザーセラーズ・カンパニーでは、新しい理事が選ばれるといまだに当時から続く制服をまとう。そして会館の周りを一周する。パーティーではさすがにその制服はもはや着用しない。だが伝統の紋章が入ったネックレスのようなメダルを首にかけ、タキシード姿でキメる。ギルドの会長が選挙で選ばれた後でレクチャーをする時は、革の装飾が施された重いガウンも必ずまとう。ご先祖たちが獲得した特権と晴れがましさを追体験するのだ。

ギルドは庶民の学校だった

ギルドは中世から近世にかけて、社会生活の規律をつくり、「まちのクラブ」「まちの学校」としても機能した。上流階級の師弟は家庭教師をつけられて自宅で学習したり寄宿学校で教育を受ける。庶民は男子に限りギルドで教育を受けた。ギルドは職業学校として読み書きと社会規範を教えた。息子は父から技術を教わることもできたが、他の仲間のところで修業することもできた。新しい知識と経験を求めて遠方の親方のところで修業することも可能だった。ギルドの「試験」に合格してお墨付きをもらえば英国だけでなく欧州大陸でも働ける。一人前になった職人は「旅をする人(Journeyman)」と呼ばれ、腕を磨くために他所に行って仕事ができた。その証明書を発行するのがギルドだった。

ギルドの人脈は息子がいない親方の後を継がせるための弟子をリクルートしたり、娘の婿を探すためにもつかわれた。皮革ギルドの場合、親が皮なめし職人でなくとも他の職種のギルドに属していれば、ギルドの人脈で皮なめし人ギルドを通じて弟子入りすることもできた。親方は彼らから授業料を徴収することもできたし、技術を教え込みながら仕事をさせることもあった。

ギルドを活用する為政者たち

欧州では、近世の都市行政を司る市長は各種ギルドの代表の中から選ばれた。有力なギルドから選ばれた代表が議会を形成し都市を運営していたのだ。集金力に優れていることから、ギルドは為政者たちにとっても便利な存在だった。権力者たちは戦争する時にギルドに無心することを思いつく。事実、英国の清教徒革命が起こったとき、革命を指揮したクロムウェルはギルドに多額の献金を割り当てて戦費を調達し、国王派との内戦を勝ち抜いた。ギルド側から見ると、クロムウェルは政治力を分け与えてくれたのだから国王派よりも支持する理由があったのだろう。

ギルドによっては地域の王侯貴族に多額の納税をする代わり、メンバーの兵役を免除するよう取り計らう交渉もできた。それほど影響力のある社会組織を象徴するのだから、彼らなりの

「制服ファッション」も重要だったのだ。それを継承することが英国のブランディング戦略の一端でもある。

近代軍事産業と結びつく皮革

だがそんなギルドの繁栄も永遠ではなかった。国際的な産業化の波が一九世紀の欧州を席巻してゆくにつれ、ギルドは国家にとって邪魔な存在になってくる。当時のギルドは地域と結びつき、それぞれ独占的な販売権を持っていた。地域外、専門外からの新規参入を許さず、価格も納期も自分たちの基準で決めていた。ギルドには近代産業界に不可欠な柔軟性が欠けていたのだ。

黒死病が収まり、人口が急激に増えつつあった状況下では、製品が早く安く大量に手に入ることが必要だ。だから地域や国境を越えた取引が盛んになっていく。国や地域を越える産業が展開されるにつれ、ギルドは解体へと向かってゆく。

並行して大量生産への圧力が急激に増してゆき、皮革産業はそのあおりを受けた。直接の原因は戦争に端を発する急激な皮革需要だ。フランス革命の後期に出現したナポレオン・ボナパルトは欧州の覇権を求めて近代的な戦争を仕掛けてゆく。ナポレオンは征服した地域で大量の兵士を募り、十分な訓練もないままに、軍隊を組織し、戦争を大規模化させてゆく。対抗する側も勢い軍隊を大規模にせざるを得ない。こうして両者共に軍隊の装備が必要になり、急激な皮革需要がもたらされた。

大規模な軍隊には数十万から百万足単位での軍隊用のブーツが必要だ。武器や食料を担ぐ革の背嚢、ベルトなども必要になる。兵士の中にはブーツが間に合わず裸足で行軍する者も出るくらいの急ごしらえな軍隊だった。とりあえずのブーツ。早く、たくさん、しかも安くつくられねばならなかった。

革命フランス政府は国内でブーツを格安で調達しようと、靴職人ギルドに強制供出を要請した。だが、格安の値段でしかも早くブーツをつくれという要求に靴職人たちはそっぽを向く。ほとんど供出に応じない。怒って靴職人を辞めて料理人になる者が続出した。フランス政府は仕方なく英国のノーサンプトンに大量発注する。ノーサンプトンにはすでに英国軍隊からも注文があり、結果的には英国軍にもフランス軍にも兵隊用ブーツを大量に納入することになる。異常な好景気に沸き立ち、靴職人たちは一家総出で靴づくりに邁進した。

当時のノーサンプトンでの量産体制とは、すなわち家内制分業だった。家族全員で分業して靴を一足仕上げる。皮なめし人から調達した革をカットしてブーツの形にするのは父親だ。靴底とアッパー部分の接着は子どもや妻に任せる。彼らが鋲を打ってくっつける。こうすると底革と上部を縫い合わせなくて済む。従来に比べてスピーディだ。

量産体制で失業する職人たち

だがこのような省力化とスピード化は皮肉にも職人の失業を増加させた。分業が進むと早く靴はできるのだが、熟練職人の需要は減る。靴も一足あたりは安くなる。職人は仕事にあぶれ、一家を支えることができなくなってゆく。労働者を一カ所に集める工場がスタートし、分業体制が敷かれると、職人としての訓練を受けていない女性や子どもは低賃金で雇われ、長時間働くことになった。高い技術を持つ職人の生活は圧迫され、ギルドは崩壊してゆく。

工場に雇われざるを得なくなった職人たちは、自分たちの生活を守ろうと職種別の労働組合を組織してゆく。その先駆けとなったのが靴職人組合だった。靴職人たちは生活が脅かされるのを体感し、立ち上がったのだ。

職人ギルドと商人ギルドの対立

一方、職人ギルドと商人ギルドとの間では数世紀にわたり利益配分をめぐる深刻な対立が続いていた。製品を販売する皮革商人たちは職人たちに比べて圧倒的に利益を得ている。工場や機械化で大いに得をしたのも資本を持つ商人たちで、彼らは後に資本家に転身し発展を遂げてゆく。それに比べると技術しか持たない職人たちは十分な経済的恩恵にあずかっていない。

皮革職人たちの中で最も大きな不満を抱いていたのは他ならぬ皮なめし人たちだった。高度な技術を必要とされ、最も過酷な労働を強いられる。だがその技術力も労働力も安く買い叩かれていると感じていた。彼らは直接消費者に売り込めない。革は靴屋をはじめとする最終加工を担当する職人たちに買ってもらうしかない決まりだった。しかも革のでき具合が製品の良し悪しにかかわってくるという理由から、靴職人ギルドや仕上げ工のギルドが革の最終チェックをすることになっていた。質が悪いと判定すれば、革を突き返す権利すら持っていた。

こうなると、結局のところ自分の皮なめし場を持ち、さらに靴やバッグなどの最終製品までをつくることができる体制を持つ大規模工場主が有利になる。完成品の販売ルートまでおさえていれば、さらに莫大な利益を手にすることができる。それは皮なめし人が工場主となり、販売網もおさえた資本家になることを意味する。そんな「資本家」となった人々の末裔がロンドンにあるレザーセラーズ・カンパニーの会員たちだ。

だが革をつくり、革の販売ルートをおさえていったのは彼らだけではなかった。ギルドを介さないマイノリティ集団の人々によっても革はつくられ販売されていった。

第二節　革とかかわったマイノリティ集団の人々

イベリア半島のユダヤ人

イベリア半島居住のユダヤ人は元来モロッコやチュニジアなどの北アフリカと繋がりが深い。彼らはスファルディムと呼ばれ、スペイン語とヘブライ語の混合したラディーノと呼ばれる言語を話す。一方東欧やロシアに居住するユダヤ系の人々はアシュケナージと呼ばれ、ドイツ語とヘブライ語が混合したイディッシュを話す。両者は欧州や北アフリカに流浪の民として散っていった苦難の歴史を民族として共有している。政変や動乱が起こるたびにスケープゴートにされ、時に虐殺された。ロシアではポグロム(ロシア語で破壊の意)と呼ばれるユダヤ人大虐殺事件が一九世紀に起きている。キリスト教勢力のイベリア半島奪還(レコンキスタ)が起きた八世紀から一五世紀には、スファルディム系ユダヤ人はキリスト教系の王国ができるたびに迫害を受けた。

一方、イスラム王朝下ではスファルディム系ユダヤ人はイスラム教徒と共存し、通婚も頻繁に起きていた。皮なめし人や靴づくりを営むユダヤ人たちは、イスラム教徒のアラブ人やベルベル人の職人たちと肩を並べて仕事に励んでいたのだ。古来から高級皮革製品を産出することでヨーロッパ中に知られていたスペインのコルドヴァの革製品は、ユダヤ系とイスラム系の職人たちによってもたらされた、欧州に知れわたっていたブランドでもある。

モロッコのユダヤ系集団

数年前モロッコを訪れていた折、ユダヤ系イスラム教徒で英国に住むオスマンと知り合いになった。彼は母方がユダヤ系で、父方はアラブ系イスラム教徒だ。彼にとって両者が共存することは何の違和感もない。それがモロッコの伝統だという。その共存体制が一時崩れようとしたのが二〇世紀半ばに降って湧いたイスラエルの建国だ。過去の民族の記憶から、このままイベリア半島に残ればイスラム教徒に危害を加えられるかもしれない。そう思いこんだユダヤ人の多くはイスラエルに移住していった。だが多くは移住先のイスラエルに馴染めず、そこからさらに米国や欧州に移住していった。今でもモロッコではユダヤ系とアラブ系の通婚例は多いだけでなく、北アフリカにはユダヤ系の人々も依然として住んでいる。

オスマンの両親のようにユダヤ系とアラブ系のカップルも存在する。彼らはヘブライ語よりフランス語やアラビア語を自在に話す。普通にアラブ系とのつきあいがあるし、自分はイスラム教徒だというアイデンティティを持つオスマンのようなユダヤ系もいる。アラビア語で歌い、イスラム圏全体で大人気のスファルディム系ユダヤ人の歌手もいる。

ユダヤ人に多かった革職人

ユダヤ系やイスラム系双方に敵対的だったのは、むしろ西欧のキリスト教勢力だった。一五世紀にイベリア半島のイスラム系諸王朝がキリスト教勢力に敗北すると、ユダヤ人もイスラム教徒もイベリア半島から駆逐されてゆく。土着化して見かけ上はキリスト教徒として振る舞うこともありえた。だが、北アフリカに逃れ、そこでイスラム教徒たちと共存することを選んだ人々もいた。彼らに移住の選択肢を与えたのが職人や商人としての技能だ。

ユダヤ人たちは迫害の歴史から、土地に密着した生活を送る農民にはなれないと考えていた。いつどこでも生き残れるよう、都市民として生き残れるように手に職を持つようにしていた。今日ではユダヤ人というと、金融やビジネス界での活躍が有名だが、当時のユダヤ人の中で最も多かったのは職人だった。一三～一四世紀の欧州のある地域のユダヤ人集団の調査を見ると、五〇から八〇パーセント近くが職人だ。中でも多かったのが織物職人で、職人の三〇から四九パーセント近くを占めている。その次が皮なめし職人だ。職人全体の一五から三〇パーセントを占めていた。靴職人も多かった。一九世紀の記録によると、イベリア半島から北アフリカに逃れ皮なめしに携わっていたユダヤ人は、アルジェだけでも四五名いた。靴職人は実に七三〇人いたという。

アンダルーシアンというアイデンティティ

イスラム教徒とユダヤ教徒の職人がスペインのコルドヴァでつくっていたヤギ革は多彩な色に染められ、欧州中に広まっていた。その名を「コードヴァン」と言い、高級品の代名詞となった。今で言う「ブランド」だ。

当時から皮革づくりの拠点としてモロッコからイベリア半島はひとつづきのネットワークを形成し、「アンダルシア人」としての意識も共有していた。アンダルシアとはスペイン南部と地中海の西端、大西洋に面する地方を指している。オスマンによると、「自分はアンダルーシアンだ」などと、今でも日常的に使うことがある。イスラム教徒やキリスト教徒、ユダヤ教徒を区別せず共通の歴史的な地域アイデンティティを共有しているのだ。

「革の道」をつくったユダヤ人商人たち

今日「コードヴァン」とは馬の尻の部分を使った革を指す。特に（米ホーウィン社の）「シェル・コードヴァン」は高級な馬革だ。だがもともとはユダヤ教徒とイスラム教徒がイベリア半島でつくり出した高級なヤギ革のことだ。コルドヴァ製の革がコードヴァンとなったのだ。さらに、今日でも英国では製靴職人をコードウェイナー即ち「コルドヴァの職人」と呼ぶくらい、コルドヴァの製靴職人の技量はブランド化され伝説となった。

一六～一七世紀のオスマン帝国でユダヤ人の皮革商人は大活躍した。バルカン半島で原皮を買って、それを帝国内で仕上げさせ、売っていた。かと思うと北アフリカのフェズやイベリア半島のコルドヴァとトルコやバルカン半島を繋ぎ、アラビア半島のメディナからイタリアのヴェネツィアに至る。そこからフランスのパリとも繋いで皮革製品を販売する。フェズで革にする原皮をコルドヴァに持ち込み、仕上げてからヴェネツィアに持ち込む。そこで店を開いているビジネスパートナーに渡す。別のルートでは北アフリカを基点とし、アラビア半島に達し、メディナに至る。そこにも店を持つパートナーがいる、といった具合だ。原皮をフェズ周辺で集め、下処理し、塩漬けにしてコルドヴァに輸出し加工させるという分業体制を敷いていたのだ。

広域にわたるビジネスを可能にしたのは各地を結ぶパートナーの存在だ。何代にもわたって店や商売を繋げてくれるパートナーでなければならない。信頼がおけるのは親族や同じ集団内の人々だ。このような信頼関係によってつくられているのが革の道だ。

「革の道」を踏み固めてゆく水先案内人

そのルートは今でも皮革のグローバルビジネスと生産加工のネットワークとして生きている。例えば筆者がモロッコで訪れたなめし工場は、すでにイタリアのサンタクローチェと繋がっていた。イタリア本社に雇われている革鑑定人のアブドゥラに会ったのはモロッコでのことだ。彼は原皮の鑑定人で、買い付けの目利きとして世界中を駆け巡っていた。アルジェリアに生まれ、今はイタリア国籍を持ち、フランス語、イタリア語の他、アラビア語、英語を操る。

毛皮部分を残したままでの原皮を処理する職人．毛皮を傷つけないように細心の注意を払っている（カサブランカのなめし工場にて，2016年．著者撮影）

イタリアはグローバルファッションの集

積地の一つとしてモロッコだけでなくアルジェリア、南アフリカ、エチオピア、南インドにも繋がっている。繋げるのは彼のような水先案内人だ。「モロッコでいいのは子牛の皮やヤギ皮だ。牛の原皮の質がいいのは東欧。南米の牛皮はカナダ産に比べると質が落ちる。でもサイズが大きいから家具向けには適している」といった具合に、地域的な原皮の違いをたちどころに解説してくる。

蔑まれた皮なめし人

完成品の革の商売は儲かるし人々からの忌避感もない。バッグづくりや靴職人もタブーではない。だが皮なめし人となると話は別だ。

皮なめし人は、どの国でも「ひどい仕事」のひとつと考えられていた。動物の死体からでる肉片や血、なめしに使う酵素をとるための鳩や犬の糞尿、タンニン(植物の渋)の強い臭いが充満する場所で働き、手足はタンニンのため黒く変色している。汚れ作業が多いのでいつも汚れた格好でいる。職人たちはそんな自分たちの姿に強いコンプレックスを抱いてしまう。身ぎれいにして教会に向かうキリスト教徒たちに道で会うと思わず恥ずかしさに目をそらした。だが革は重要な軍需品でありぜいたく品だ。どの国の領主も皮なめし人を歓迎し保護した。

さらにユダヤ人たちは皮なめしに限らず、現地の人々にはない技能を持った集団でもあった。商売もうまかったし金融にも強い人々がいた。貴族や王族たちにとっては国の経済を富ませてくれる有益な存在だ。身近に置いたほうがよい。革産業に関して言えば、革づくりは国家運営には不可欠だ。軍事にも結び付く重要産業だ。日常生活にも革が不可欠だったから、ユダヤ人の皮なめし職人には土地と建物を与えて定住を促した。土地の人々は嫌がったが、支配層はユダヤ人たちに対して現実的な判断をしていた。

職人から工場経営者へ

一八世紀にヴェネツィアを領有していたある貴族は、トルコのコンスタンチノープルからなめした革を輸入していたのだが、高額の輸送費がかかる。そこでコストを抑えるため、ユダヤ人の皮なめし職人をヴェネツィアに呼び寄せることを思いついて実行した。呼び寄せた皮なめし人たちに土地を与え、工場を建ててその運営も任せた。こうして皮なめしから販売にもかかわって資本を蓄えたユダヤ人工場経営者が出現してゆく。一七～一八世紀のことだ。産業革命期に実業家として大きな飛躍を遂げる下地はこのようにして着々とつくられていたのだった。

南北アメリカ大陸での経済活動が活発化してゆく一九世紀になると、ユダヤ人たちはアメリカ大陸に渡り、皮なめし工場を現地につくり始める。技術者兼経営者となってアメリカ大陸の皮革産業を牽引してゆく。

彼らの中にはその後事業を拡大し、衣料やスポーツ用品部門などにも進出し、ファッション業界の大手となってゆく人々もいた。アウトドア用のがっしりしたブーツやスニーカーで知られるティンバーランドがその好例だ。初代経営者はアシュケナージ系のユダヤ人で、皮革で得た収益でファッション部門へと事業を拡大しグローバル化させていったのだ。

アジアの皮なめし人集団、客家

アジアにもユダヤ人集団のように皮革と繋がりの深い移民集団がいる。客家《ハッカ》とよばれる華僑集団の一派だ。客家は今日のアジアでも歴史的に皮なめしや靴産業との結びつきが深い。台湾やタイ、インドネシア、マレーシアなどにゆくと、靴産業や皮なめしなどの皮革ビジネスセクターには客家が多い。マラッカから英国に移住して故ダイアナ妃の靴デザイナーになったジミー・チョウなどのように、靴づくりからファッション産業へと進出してゆく客家もいる。今日中国と並んで皮革輸出額が大きいインドにも一八〜一九世紀から客家は定住していた。インドで皮革業を取り仕切っていたイスラム教徒と共存し、カルカッタを中心にインドの皮革産業を発展させた。

彼らの進出前、インドの革づくりはイスラム教徒か被差別カーストの職業と決まっていた。ヒンドゥー教では動物の屍からでる原皮を宗教的なケガレとみなしているから、一般のヒンドゥー教徒はたちいらない領域だった。皮なめしを行う現場も凄惨だ。あえてステイタスを貶めるような皮なめしなどの職業に普通のヒンドゥー教徒は就きたがらなかった。そこに目を付けて食い込んだのが客家だ。客家はアジアの英国植民地に入り込み、革製造や靴づくりを生業としていった。大抵は家族ぐるみで小さななめし工場を経営し、足りない労働力はイスラム教徒や低カーストの人々を雇い入れて補う。靴や鞄もつくり、販売にも携わった。カルカッタのチャイナタウンに近いベンティンク通りと呼ばれている地区は、後に靴通りと呼ばれるようになった程靴屋が多かったが、ほとんどが客家の店だった。皮革産業は戦争中は、軍需産業として発展し、客家は経済的な躍進を遂げた。そして子弟のために私立学校を建てて教育に邁進した。何か政変があればどこにでも逃げられるように、子弟の高等教育、特に英語での教育は重要なことだった。

第二次世界大戦後、客家の皮革産業の繁栄に終焉が訪れる。第一の兆候は中印紛争だった。インド領を中国が侵略し、インド全土に反中国の嵐が吹き荒れた。それに追い打ちをかけるように一九七〇年代には皮なめしの汚水処理が環境問題となってゆく。工場の汚水処理への投資は中小工場の経営を圧迫し、たちゆかなくなった客家の多くは店を畳み東南アジアや欧米に移住していった。

彼らが去った後、インドの皮革産業はインド系イスラム教徒たちの独壇場となる。南インドのタミルナードゥ州では政府のバックアップを受け、中小皮なめし工場が集まって大きな排水処理施設を共有した。工場排水の問題が解決されるとインドの皮革は国際的な競争力を増してゆく。欧米の有名ブランドの下請けチェーンの拠点の一つになり、皮革は輸出の花形産業となってゆく。タミルナードゥ州は現在その輸出高で全インドのトップを走っている。

南インドで革をつくるイスラム教徒たち

インド北部や西部、南部では古くからイスラム教徒が皮革づくりを担ってきた。中でも南インドのタミルナードゥ州に住むイスラム教徒たちは、工場経営者や技術者として活躍している。彼らは東南アジアの皮革ビジネスと繋がり、グローバルなビジネス展開をしている。

わけてもタミルナードゥ州の州都チェンナイからアーンブールまでの一九〇キロの道筋はイスラム教徒が多く住み、皮革ベルトとも呼ばれている。アーンブールはその中核で、靴のまちとも呼ばれている。この地域で皮革をつくる経営者や技術者のほとんどがイスラム教徒だ。

タミルナードゥ州政府の肝入りで完成した巨大な排水処理施設はアーンブール周辺にある中小の皮なめし工場を一カ所に集積させ、効率よく汚水処理の運営ができる。コンピュータで制御され、イスラム教徒の技術者たちが日夜管理している。「数カ月前には日本からも視察団がきましたよ」と笑顔で技術者たちが話したように、同地域は世界中から視察団を迎えている。イスラム教徒が多い地域だという事情から、イスラム教徒の女性たちにも働き口がある。靴の縫製や検品などのセクションにはイスラム教徒に混じり、ヒンドゥー教徒の女性の姿も見られる。近代的で整備された工場で働く女性たちは満足している様子だった。雇用の裾野が広い皮革産業は大工場でなくとも、自宅でできる内職程度の仕事もつくりだす。お蔭でイスラム教徒の中流層の経済活動の裾野が拡大しているのだ。それだけでなく、かつては労働者としてのみ皮なめし業にかかわっていた被差別カースト出身の人々の中からも徐々に技術者や小規模工場主が出現しつつあり、インドの皮革産業は活気を呈している。

生産だけでなく、インド国内の皮革消費量も大幅に伸びている。インド国内の中流層・富裕層の増加に伴い、普及品や中級品の製造だけでなく、欧米の有名ブランドの下請けとしても十分機能している。高級皮革製品の製造や独自ブランドも手掛けるようになってきているのだ。

中国やヴェトナム、バングラデシュと並んで、インドは今やアジアの皮革市場を牽引する重要な存在だ。だが、これらの勃興するアジア勢の競争に日本が加われる未来は今のところ描けてはいない。

行き詰まる日本の皮革製造業

日本の皮革製造業は年々規模を縮小し、衰退の一途をたどっている。安さと量産体制ではアジア勢に勝てないだけでなく、高級皮革市場ではヨーロッパ勢に全く太刀打ちできていない。かつて江戸時代の日本には、革づくりを極限まで極めた皮田と呼ばれる専門革づくり人たちがいた。明治時代でも優れた皮革工芸品を輸出し、日本の革は工業用ベルトがなかった時代、トップクラスの工業用皮革としての評価も受けていた。その「ブランド力」が今や消滅している。

二一世紀を迎えた日本の皮革業界に、果たして世界に羽ばたく術はあるのだろうか。だがそれを考える前に、まずは二一世紀のファッション「ブランディング」をつくりあげてきた大量生産体制の成立過程について考察してみたい。二〇世紀に出現した大量生産の時代こそが、今日の「高級ブランド」をつくりあげる源流だったからだ。

第二章　大量生産時代の光と影

待遇改善をもとめてストライキをするシャネルのメゾンの従業員たち（1938 年．GettyImages〈Keystone-France 提供〉）

第一節　オートクチュールを可能にした量産体制

ブランド品は手に入りやすい

現代の高級ブランドは量産体制によって支えられている。「ブランド化」された高級品と大量生産された製品は、一見結びつき難いように思われる。しかしブランド品の高い品質は大量生産システムによって支えられているのだ。大量生産品とは、普及品を指していると思われがちだ。品質が不均等で見栄えがせず、高級品のコピーにすぎないものが大量生産されていた過去があるからだ。

だが、一九八〇年代から始まった大規模投資による機械化によって成し遂げられた高級品の「大量生産」は大きく異なる。それは折しも始まっていたサプライチェーンと生産体制のグローバル化によって出現したものだった。グローバル化によって新興国の中産階級が大量に出現し、彼らの需要を当て込んだ「高級ブランドビジネス」も花盛りとなったのだ。折しも途上国では高等教育を受けた若い人々が資本のグローバル化によって自国内でも安定的な職を得ることが可能になっていった。彼らが自分への「ご褒美」としてふさわしいぜいたく感を味わうために、高級皮革のブランド品はうってつけだった。

革の鞄やハンドバッグ類、小物類などの高額商品が際立って売れていった。グッチやディオールのロゴがついた財布やバッグはある程度値が張っていてつくりもきちんとしている。そのブランド力によってリセールの価値もあり、中古市場も活気づいた。売り手からみても高級皮革製品は利益率も高く汎用性がある。ブランドショップは旅行者が行きかう国際空港の免税店や有名ホテルのアーケード、観光都市のメインストリートに出現し、観光客の旺盛な購買意欲を満たしていった。

だがブランド品を手に入れる人々は必ずしも高額所得者とは限らなかった。アパートに住み、ツナギを着てガソリンスタンドで働きながら、ローンで中古のポルシェやランボルギーニ＝ディアブロを買っている若者たちもいる。アパートの部屋がグッチやエルメスのバッグで一杯になっている若い女性もいる。デパートの地下で働く非正規雇用の女性もお金を貯めてヴィトンのバッグを買い、それを持って休日はホテルのグリルで友達と食事をすることもできる。

ようするに、現代ではブランドものの服、ブランドもののハンドバッグは、ごく一握りの特権階級の人々の占有物ではなくなったのだ。

その点では「ファッションの民主化」が大量生産によって築かれたと言えるかもしれない。ある程度量産されているからこそ「ブランド品」は手にとどく「憧れ」になったのだ。だがその大量生産体制のそもそもの起源をたどると、今日超富裕層のステイタスシンボルとなったオートクチュール(高級注文服)にたどりつき、ここから「量産化」の波が始まっていることに気づかされる。なぜなら、オートクチュールは王侯貴族などのエスタブリッシュメント専用のファッション体制から、「お金があれば誰でも店で服をつくれる」という新興ブルジョアたちの夢を叶える大量生産体制の始まりだったのだ。それがファッションの民主化を促し、今日のグローバルファッション産業の勃興にも深くかかわってきたのだ。

「オートクチュール」という量産化を助けたメゾンのシステム

現在でも有名デザイナーたちは必ずと言ってよいほどパリに店の一つを構える。パリは依然として世界のファッションの中心地の一つで、ファッション産業の情報の集積地だからだ。そのような「パリ中心」のファッション体制が始まったのは一九世紀末だ。しかしそれ以前からすでにフランスは欧州のファッションの中心地でもあった。一七～一八世紀までにフランスの服飾文化の流行は欧州社会を席巻していたのだ。

一七〜一八世紀と一九世紀末との大きな違いはメゾン(高級服飾店)のシステムの有無による。メゾンの成立までデザイナーという独立した職種は存在せず、王侯や貴族は名の知れた仕立て屋を自宅に呼び、デザインをさせて縫わせ、一着だけの高級注文服をまとっていた。

ルイ一六世の妃、マリー・アントワネットは気に入りの仕立て屋ローズ・ベルタンを週二回宮殿に呼び、衣服や帽子などを一緒に考案していた。フランス宮廷の「モード」が宮廷のサロン(社交場)に出入りする貴族によって真似られ、それがファッションとなって市井までゆっくりと浸透していき、同時に欧州の宮廷や都市のファッションへも影響を与えていた。

だがこれだときわめて裕福な一握りの特権階級の人々しか相手にできない。そこに風穴を開けたのが革命後、産業体制を一新したフランス政府のファッション産業育成政策だ。産業振興のためにメゾンを中心としたファッション産業育成戦略が編み出された。

このシステムでは顧客の家に行くのではなく顧客が店に足を運ぶ。これで多くの顧客を相手にすることができる。効率的な生産体制が敷かれ、注文を多く受けられる。その効率化を早めたのが縫製ミシンの登場だ。ミシンは縫製を手縫いから解放し、製品をスピーディに量産できるようにした。縫製ミシンを備え、お針子を擁したメゾンがパリに登場するのは一九世紀末だ。当時フランス政府はファッション産業を育成しようと考えており、機械化はまさにこの戦略に適合したものだった。

国富の増大を第一に考えたフランス政府は開放的でもあった。メゾンはパリに開店しなければならないが、メゾンのオーナーはフランス人である必要はない。才能と資本さえあれば誰でも開店できる。実際パリにメゾンを構えた第一号は英国人のチャールズ・ウォルトだった。ウォルトは商売がうまく、如才がなかった。服飾だけでなく自分の名を冠した香水を販売することで「ちょっとリッチな気分を味わいたい」大衆の願望にも応じることに成功した。これが大いに当たったのを見て、他のメゾンも真似て香水を売り出すようになる。

だがメゾンを開店するにはクチュール協会が規定する条件に従わなければならない。二〇名以上のお針子を擁し、年二回の新作コレクションを発表する、シーズンごとに一定数以上のデザインを無料で発表し、提供することなどが課せられていた。公開されたデザインを真似て一般の人々が布地を買い、流行の服を自作したりする。近所の馴染みの仕立て屋に注文することもある。これで小規模な仕立て屋も仕事にありつくし、服地やパーツ、アクセサリー類の生産も喚起される。流行が変われば次々と必要な素材をつくりだすことになり、産業界自体が広範に潤う。一方、メゾンのオーナーは王侯貴族におもねる必要のないデザイナーという職種に就き、ビジネスの「経営者」ともなる。彼らは富を蓄え、富裕層の仲間入りをする。

新しい中産階級でも、服を仕立てるお金さえあれば堂々とメゾンに出入りし、客になれる。ミシンとお針子を抱える量産体制を持つメゾンを擁したパリは活気づき、ファッションの中心地としての地位を確立してゆく。

パリを中心とした欧州のファッション産業は二〇世紀半ばには量産化に支えられ、ますます活気づいていった。一九一八年にパリにメゾンをオープンしたココ・シャネルは二〇世紀で最も成功した実業家兼デザイナーの一人だが、一九三五年当時、彼女はすでに四〇〇〇人を雇用するほどのビッグビジネスの経営者となっていた。ハリウッドに進出するために、当時の金額でも数億円の「紹介料」をぽんと仲介者に払えるほどの収益があったという。

第二節　多極化してゆくファッション産業基地

フランス経済をリードしたファッション産業

元来流行現象というものはパリがつくりだしたものだけに限らない。世界各地で流行はつくられ、新たな流行によって消えていった。上流階級が着用していた服や小物類を庶民がコピーし地域で流行になることもあったし、逆に庶民の間で流行っていたものを上流階級が取り入れて洗練させ、全国に流行させることもあった。

だが様々な「地域社会での流行」に基づいた服装が一気に「ダサく」思われるようになったのは、パリのモード体制の確立以降だ。フランスが敷いたパリを中心とするファッション産業体制は欧州の人々に大きな影響を与え、人々は発表されるその年の流行に敏感になっていった。パリの最新モードに合わせなければ流行のファッションに乗り遅れているとすら思うようになってゆく。パリの優位はこうしてしばらくは続いていた。

ファッション産業が活発になると輸出が盛んになる。やがてフランス国内を凌駕する大きなマーケットが欧州や米国に生まれたお蔭でフランス国内の様々な生産者や職人も潤った。消費だけでなく生産も振興される。生地や小物をつくる職人たちやアクセサリーをつくる人々、それらを扱う商人、服を縫う機械類をつくる技術者にもお金が入る。景気が良くなれば生鮮食料品店から肉屋、魚屋、家を建てる大工までも仕事が増える。こうしてパリの流行製造システムはフランス全体の経済を循環させる役割を担ってゆくようになっていった。

流行をつくり出し産業とするためには宣伝戦略が重要だ。そこでファッション関連のメディアが登場する。今日では当たり前になっているファッション界とメディアとの連携が始まったのもフランスだった。一六七二年にすでに初のファッション誌「メルキュール・ガラント」が発行され、挿絵入りで流行の服装を解説してゆくメディアが登場している。メディアの存在によって流行の拡散体制も整備され、一九世紀初頭までにパリは欧州の流行の中心地としての地位を不動のものとしていった。

揺らぐパリ一極集中

だが、そんなパリの圧倒的優位も、二〇世紀後半、一九七〇年代を境に大きく揺らいでゆく。パリの優位を最初に崩したのはニューヨークであり、ロンドンやミラノだった。元々富裕層を多数抱えるニューヨークはパリにとって上得意だった。だが、第二次世界大戦中、パリから服飾品が入らなくなる。ニューヨークの服飾界は一時苦境に陥った。しかしこれはむしろ若いニューヨークのデザイナーたちには幸いだった。パリに縛られない新しいモードをつくりだすきっかけとなったからだ。ニューヨーク・ファッションが登場したのだ。

ニューヨークの女性たちは実用的で働きやすい、それでいてスマートにみえる服を待ち望んでいた。富裕階級の女性たちも戦争中から社会に出て活動することが多くなり、働きやすい装いを必要としていた。戦後この需要に反応したのはニューヨークだけではない。イタリアのミラノやフィレンツェも同様だった。欧州よりも多い富裕層と広範なミドルクラスを抱える米国はイタリアン・ファッション界にとっても是非とも進出したい市場だ。米国市場の要望に応じて働く女性のために、機能的でおしゃれな、着回しができるファッションを売り込んでいった。

イタリア経済の復興を助けたファッション産業

イタリアは第二次世界大戦の敗北によって壊滅的な打撃を受けた。そのイタリア経済が速やかに復興を遂げたのは、ファッション産業のお蔭だった。

イタリア政府は米国のマーシャル・プランの復興支援を得て、繊維産業を中枢に据えた復興計画を策定していた。戦争で大打撃を受けた重工業に比べ、繊維工場は戦火を免れ、すぐに操業できる体制だったからだ。繊維工場の操業のお蔭で機械部門も設備投資を増やすことができた。

政府のサポートを得たファッション産業界はかつてない躍進を遂げることになる。この結果、イタリアは一九六二年には早くも戦勝国からの借款を完済し、農業国家から工業国家へと脱皮を遂げる。一九七五年には先進国首脳会議のG６にも加入を認められ、イタリアは名実ともに世界の先進工業国として認識されるに至った。

イタリアのファッション産業にとって米国は大きな市場だった。米国の女性たちにとってもイタリアン・ファッションはフランスのファッションとは「また違った」魅力があった。古風なバロック調で、色合いもパリとは違う。価格はフランスのものより安めだ。金具や生地、付属アクセサリーが独特なデザインで、コーディネートが容易だ。服は丁寧に縫製され、組み合わせがしやすいよう、上下に分かれているものが多かった。ベルトや靴、バッグもセットで提供されていて手持ちのものとも合わせやすい。ファッションが高額なものという従来のイメージを覆したイタリアン・ファッションは一九八〇年代以降の世界の既製服《レディー・メイド》文化の一角を担うようになる。

イタリアン・ファッションとサンタクローチェ

イタリアン・ファッションを支えていたのは繊維産業だけではない。ギルドの伝統を受け継ぐ職人たちでもあった。革命でギルドの多くを潰してしまったフランスと異なり、イタリアには地域に根を張った職人ギルドが二〇世紀まで残っていた。フランスはいちはやくモードのメッカになり、イタリアはフランスのバックオフィスとしての役割を果たしていた。フランスに対して服地やレース、アクセサリー小物を提供してきたイタリアが独自のファッション産業を立て、勝負してゆくのは戦後だ。イタリアン・ファッションは、フィレンツェで開催されたフ

ジョルジーニがフィレンツェの自宅で米国のバイヤーたちを招いて行ったファッションショー（1951年. GettyImages〈Archivio Cameraphoto Epoche 提供〉）

アッションショーで火がついた。

フィレンツェで催された一九五一年のファッションショーを企画したのはジョヴァンニ・ジョルジーニだ。フィレンツェ出身の貴族の家系に生まれたジョルジーニは欧州と米国を行き来するファッションメディアの仕事に携わっていた。そしてかねてからイタリアン・ファッションをトータルコーディネーションが可能な便利なファッションとして売り出したいと考えていた。そこでフィレンツェの自宅（お城だった）をファッションショーの会場にして、米国からメディア関係者やバイヤーを招待した。このファッションショーは大きな反響を呼び、フィレンツェのファッションハウスは大量の注文を受けた。

フィレンツェとその周辺の産業振興に強い関心を抱いていたジョルジーニは、あえて新進のデザイナーたちを使い、若い才能を売り出した。彼はフィレンツェ市内にあるメゾンに呼びかけ、それぞれから有望な新人デザイナーを推薦させ、彼らに服をデザインさせ、実際に制作させた。靴やベルト、バッグなどの小物類もすべてフィレンツェ周辺の店や工場から調達した。これだと海外のバイヤーは小物やアクセサリーを調達するために走り回らなくてもよくなり、とても便利だ。フィレンツェ周辺で全てをセットで誂えることができ、トータルコーディネーションが容易になる。目新しいデザインとテイストだけでなく、その便利さがバイヤーたちを満足させた。

フィレンツェに近い「革づくりのまち」という地の利を活かし、ファッションショーで使われた皮革バッグやベルト、靴などをつくって躍進を遂げたのがサンタクローチェだ。サンタクローチェ・スッラルノ（略してサンタクローチェ）と呼ばれる地域が高級な皮革産地として世界に知られるようになるのは、実はこのファッションショー以後だ。フィレンツェの小規模なブティックからのありとあらゆるうるさい注文に応じて高級革製品をつくり続けてきた彼らの努力がようやく報われたのだ。イタリアン・ファッションの知名度が国際舞台で高まるにつれて、サンタクローチェの知名度も増し、高級皮革製品の産地として世界に知られてゆくようになる。

サンタクローチェの特色は、大きな皮なめし工場はほとんどなく、中小の皮なめし工場がひしめいていることだ。彼らは逆にその強みを生かし、小回りが利き、ブティックからの少数のオーダーでも受けた。国外からの評価が高まるにつれ、サンタクローチェの地域全体は高級な革づくりのまちとしてのイメージをつくりあげるようになる。

第三節　大量生産時代が生む産業界の光と影

産業倫理と小規模皮革工場

イタリアにはサンタクローチェだけでなく、ヴィチェンツァ、アルツィニャーノ、ソロフラなど数カ所の皮革産地が存在し、繁栄している。だがその多くは大規模工場が多く、中にはクロコダイルから子牛の皮まで多種類の動物の皮を一貫して仕上げられる最新鋭の大工場もある。そうした工場は労働環境に配慮して、リサイクルシステムも完備するなど、完璧に運営されている。

だが、必ずしもすべての皮なめし工場がそのように健全に運営されているとは限らない。特にサンタクローチェのように小規模な皮なめし工場がひしめいているところでは設備の不備を労働力で補っているところもある。半加工した製品を海外から輸入し、縫製だけを担当するお手軽な「メイド・イン・イタリー」をつくる工場もある。実際、インドやセルビア、ブラジル、チュニジア、モロッコ、ヴェトナムなどの国々で半加工させたものを輸入して最終加工し、イタリアで縫製することは頻繁に行われている。だがEU域内にそれらの革製品が入るには、途上国でもEUの環境と労働基準を満たした工場でつくられているというお墨つきが必要だ。この証明を得るためにイタリアの本社では必ず外部からの監査人を毎年数回派遣している。

しかし、イタリア国内で外国人労働者を使いイタリア製革をつくっている場合はこの監査対象とはならない。この結果、イタリア国内での監査の見落としがあり、深刻な労働搾取が行われていることがある。それが発覚して大きな問題になるところもある。問題の工場となるのは皮なめし工場だけではない。皮革製品やアパレル類の縫製工場にもいえることだ。

フィレンツェ近郊にあるプラトは世界に「メイド・イン・イタリー」の皮革ブランド品を大量に輸出している。アパレルやハンドバッグなどのファッション製品の縫製を行っているまちだが、働いているのは主に低賃金で雇われた外国人労働者だ。

移民労働者がつくる「メイド・イン・イタリー」

プラトに外国人労働者が増えたのは一九九〇年代以降だ。最初は中国の温州市からやってきた中国人労働者が多かった。彼らは技術を獲得すると資金を貯めて独立し、イタリア国籍を得て工場主となった。そして同じ温州市から労働者を連れてきて自分の工場で働かせた。驚くべき低賃金で働かせ、できあがったアパレルや革製品を「イタリア製」として中国などに輸出する。

同じ温州市出身だから、搾取されても同郷人だからと、労働者たちは行政に訴えるのを躊躇していた。低賃金と劣悪な労働環境は続いたが、歯止めをかけたのは皮肉にも中国国内の事情だった。中国国内の経済が上向き、賃金が高くなったことだった。温州市でも十分な賃金を稼げるようになったのだ。代わって増えたのがアフリカ出身の労働者だった。イタリア国籍となった中国人経営者たちはアフリカから労働者を受け入れ、低賃金で雇うようになった。この低賃金労働はプラトだけでなく、サンタクローチェの皮なめし工場でも起こっている。

ブランドにマイナスイメージを与える労働者への搾取

あるNGOのレポートによると、雇用者にとって扱いやすいのは直接雇用ではなく間接雇用の派遣労働者だという。だが、派遣労働者の場合、職場で事故が起こっても工場主からの補償を受けることができない。事故は職場に配属されたとき仕事の研修を受けることである程度防げるが、それすら受けさせないままに危険な労務作業をさせられることがある。

労働搾取は熟練工の場合にも起こっている。難易度の高い仕事をしているのに、直接雇用のイタリア人労働者より賃金が安い。あるセネガル人労働者によると、一〇年もの間働いてレベル二から三の職制にあげてもらい、時給もちょっとだけ増えた。それでも経験が少ない自分より下の職種レベルのイタリア人労働者より賃金は低い。景気が悪くなると真っ先に切られるのは間接雇用の外国人労働者だ。失業保険はなく、年金をもらう資格も得られないまま、イタリアを去ることになる。

このような労働者への搾取が発覚すれば、工場にとってはこの上ないダメージとなる。操業停止や製品自体への信頼すら揺らいでしまう。そのような違法ともいえる雇用形態を続けている工場が摘発され、公になるだけでイタリアンブランド全体にダメージを与えかねない。

ブランド全体の信頼性を確保するために小売業者、なめし加工の薬剤を提供する薬品業者、製造機械のメーカー、検査用品の販売業者など、その全てが厳しいチェックにさらされている。

産業倫理はサプライチェーン全体へ

一八世紀の産業革命によって出現した量産体制は人々の生活を潤し、豊かにした面もある。だがその代償として深刻な環境汚染や労働搾取、生活環境の悪化をつくり出してしまった。そのような悪弊への反省は、二一世紀の倫理をつくり、地球の資源や環境を守ることや労働者の生存権、生活権を守る動きとなった。産業倫理規範は大幅に変更されつつある。労働搾取、環境汚染、生産現場の安全性はもとより、製品の製造過程全体や販売ルートに至るまで監査の目が光る。この動きはもはや先進国のトップグループ内に留まらず、その生産ラインに組み込まれている途上国の工場、部品・薬品などを調達する業者、メーカーなども監査の対象となる。

国連が掲げた二〇三〇年までの到達目標としてのSDGs(持続可能な開発目標)は、一見大風呂敷を広げたかにみえる。だが、サステナブルな世界をつくるという志向は産業界が共有している努力目標だ。二一世紀の倫理は環境破壊や労働搾取に批判の目を向けるだけではない。それにともなった大きな文化的な変化をも引き起こしている。それはマイノリティからメインストリームにつきつけられる挑戦だ。後述するように、それは今やファッション倫理の基軸になりつつあると言える。

第三章　高級ブランドとポップカルチャーの相克

自身がデザインしたルイ・ヴィトンの革のベストを身に着けたヴァージル・アブロー（2018年．GettyImages〈Edward Berthelot 提供〉）

第一節　革とポップカルチャー

革はアウトローの「制服」

獣は人間と違って自然の一部としてあるがままに生きている。革として加工された後も、かつて生きていた動物たちの生命力は強い象徴性を帯び、「ワイルドさ」「アウトロー」といったサブカルチャーを象徴する。アウトローたちは、往々にして、メインストリームにいる大人たちを批判するが、それは若者の側からの「承認要求」でもある。若者たちからの抗議は体制派の意識を変え、社会変革を呼ぶ力となることもある。そのプロテストを表現するのにぴったりなワイルドさが皮革にはある。

若者たちがメインストリームに切り込んでゆくとき、そのコスチュームの一部に革を選ぶのは必然かもしれない。興味深いことに彼らがまとう革のデザインはほとんど変わらず、あたかも制服のようだ。だが画一的であれば、メッセージ性は逆に強くなる。若者たちのファッションを模倣することで「若返りを果たしたい」と思う大人たちも、若者のアウトローぶりを簡単に真似られる。彼らにとっても革は永遠の若さを表現する「制服」だ。

一九五〇年代の銀幕スター、ジェームズ・ディーンは白のTシャツとブルージーンズに黒革のブーツと革ジャンをまとってポスターに収まった。上目づかいにカメラを見つめる「反抗のスタンス」で「永遠の不良」のアイコンとなった。ビートルズやエルヴィス・プレスリーも「若い頃」は黒の革ジャンや革パンツをアウトロー風にまとっていた。「ポップスの王者」マイケル・ジャクソンも「ワル」を演じるときには黒の革ジャンとパンツ、ブーツという制服姿だ。

グローバル化時代になってもそれは変わらない。ロックンローラーからポップス、ラッパー、あるいは「永遠の前衛」と呼ばれるコム・デ・ギャルソンのカワクボ・レイにいたるまで、革は前衛派がまとう制服だ。

革は犯罪の匂いがする悪者たちをも惹きつける。貧困が溢れる地域には犯罪者や難民、移民たちが雑居し、革のジャケットやパンツ、ブーツを身にまとった男たちが闊歩する。「疎外された人々」の中には通常の性的指向からはずれた人々、すなわちクイア・コミュニティ（変わった性的指向者の集団）あるいはLGBTQと呼ばれる人々もいる。彼らと革にもまた親和性がある。

クイア・コミュニティのシンボルとしての革

一九七〇年代半ばに登場したロック・グループ「クイーン」のフレディ・マーキュリーもクイア・コミュニティの一員だ。彼の衣装にもしばしば革が重要なシンボリズムを帯びて登場する。元来女装する男性は「ドラグ・クイーン(Drag Queen)」と呼ばれるように、「クイーン」というバンド名をつけたマーキュリーはこの名を選んだときに、すでに彼のアイデンティティを暗示する選択をしていた。

七〇年代の英国では、ゲイであることをオモテの世界で公言することは勇気のいることだった。とはいえ、マーキュリーにとってゲイであることは最も重要なアイデンティティのひとつだった。デビューから一〇年余りたち、彼はゲイであることを公表してゆくが、当時の曲の中にはクイア・コミュニティの一員としての主張、すなわち社会から承認されたいという欲求が見てとれる。

グループのメンバー全員が女装し、「私は自由になりたい!(I want to break free!)」と歌ったミュージックビデオはまさにそれだ。このビデオは発表された一九八四年、当時の英国の保守層を激怒させ、英国内で放送中止となった。だが、「女性」あるいは「男性」という固定的な性役割から「解放されたい」、男から女へあるいはその逆へと移り変わることも肯定されたいというメッセージは、ゲイだけでなく、伝統的な性役割によって家庭に押し込められていた女性たちにも強い共感を呼んだ。

ビデオの中で、マーキュリーが黒革のミニスカートを履き、ピンクのタートルネックのTシャツと黒いストッキング、ハイヒールといういでたちで掃除機をかけながら歌うのは、まさに女性層からの共感を狙ったものだ。揺れ動くセクシュアル・アイデンティティに留まらず家庭に閉じ込められている女性たちの承認要求をも代弁し、当時フェミニストたちからも多くの共感を得た。

だが、黒髪のかつらを被り化粧をしたマーキュリーは、口髭をつけている。男として振る舞っているのか、女として振る舞っているのか分からない。ピンクはゲイのセクシュアリティを暗示する色であり、黒革はワイルドな「自然」、すなわち動物の「生」であり「自然」のシンボルであるといえる。革を使うことによって既成概念からの解放をアピールしているのだ。

このいでたちはビデオのおかげですっかり有名になり、発表から四〇年以上たった今でも人気が衰えない。「セクシュアリティの自由」を掲げる女性たちやクイア・コミュニティのパレード、デモなどではこのセットをあたかも制服のように身に着ける男性、女性が出現する。現在でもインターネットではこのセットが商品として販売されているくらいだ。

フレディ・マーキュリーがまとった「黒革」

一九八五年のライヴ・エイドのロックコンサートのいでたちも、そんな彼のセクシュアリティを強烈に表現している。当代一流のロックミュージシャンを集め、アフリカの飢餓救済のためのチャリティ・イベントとして行われたのがライヴ・エイドだ。世界の注目が集まり、映像は世界一五〇カ国に中継され、一九億人が視聴したといわれる。そのインパクトにおいて、一九六〇年代のウッドストック・フェスティバルと並び称される世紀の大イベントだ。当時、マーキュリーはエイズに蝕まれ数カ月先に四五歳の若さで世を去る運命にあった。だがその迫真のステージは彼のパフォーマンスの中でも最も優れたできばえのひとつとされ、すでに伝説化している。そのステージ衣装すらいまだに語り草になっているほどだ。

黒髪を後ろに撫でつけ、カイゼル髭を生やしたマーキュリーはステージに颯爽と現れる。白いスニーカーに白のタンクトップ、ラングラーのジーンズを腰高に履いていて、労働者風、普段着風だ。そこでの唯一といっていい「飾り」は黒革のベルトとそれに合わせた黒革の細いアームバンドだ。狭いピッチで穴を開けたベルトとアームバンドにはびっしりと鋲が打たれ、聴衆の目を一瞬惹きつける。「黒革」と鋲は彼のゲイとしてのアイデンティティをフルに打ち出す。マイクを「ファルス（男性性器）」のシンボルのように振り回しながら声を振り絞って歌うマーキュリーは、曲と曲の間にビシビシと叱りつけるようなトークで聴衆を沸かせる。

当時聴衆の中にいた、後のニューヨーク・タイムズの記者、ウェスリー・モリスは、およそ四〇年後にそのシーンを振り返り、書き綴った。「あれはまるで強力なレザー・ラング（革の肺）を持つレザー・ダディ（年かさのゲイ）のようだった。」ゲイとしてのマーキュリーのアイデンティティは、身に着けていたわずかな黒革に集約されていたのだった。

黒革のシンボリズムは倒錯したセクシュアリティのシンボルとして多用されることもある。黒革のブーツを履き、革の鞭を持つ女性の姿は「サディスト」を象徴するファッションだし、鞭打たれる「マゾヒスト」を縛り上げるのも革紐でなくてはならない。こんなオモテの世界には取り入れにくいファッションでもステージでならば許される。クイア・セクシュアリティの象徴として革はぴったりのステージ衣装ともなる。

革のコスチュームはその後ヒップホップにも引き継がれてゆき、ヒップホップのスターたちはクイア・セクシュアリティだけでなく「ぜいたくさ」「みせびらかし」「挑戦的な無軌道さ」「ワイルドさ」などを表現するのに革や毛皮を多用している。

第二節　パンクとヒップホップが表象するメッセージ

「貧乏ルック」と社会的プロテスト

二〇世紀のグローバルなポップカルチャーを追ってゆくと、ロックだけでなくパンクやヒップホップに遭遇する。

「パンク」とは騒々しいサウンドのロックミュージックのことで、英国で一九七〇年代に出現し、一世を風靡した。その後ロックミュージックはヒップホップと連動し、世界的なポップ音楽をつくり上げた。ヒップホップと同様、パンクは音楽だけでなく若者の風俗を通じてライフスタイルを表現する思想でもあった。

そもそもパンクは商業主義への対抗運動として出現したものだ。それはまた一九七〇年代に世界を風靡した風変りなファッションとしても知られている。日本ではカワクボ・レイらの「貧乏ルック」の流れとも連動した。折しも高級ブランドがグローバルマーケットを見据え、従来の「安物の既製品」から、均質的に、大量に生産しうる「高級品」によってブランド化をはかろうとしていた時期でもあった。

この時期、それまでファッションの僻地と見なされていた日本から、ハイファッションの中心地であるパリに殴り込みをかけた三人のデザイナーがいた。カワクボ・レイ、ヤマモト・ヨージ、ミヤケ・イッセイだ。彼らの作風は若者層を中心に勃興しつつあったパンクやヒップホップの時代にまさにうってつけだった。なかでもカワクボはパンクの申し子のように扱われた。

カワクボがパリのハイファッションのステージで発表したのは「穴あき服」や「つぎはぎのある服」「コブのある服」だったし、ミヤケの服は「刺し子でつくった防空頭巾風のコート」であり、ヤマモトの服は「黒一色の忍者のような服」だった。

「高級なよそいき服」だけがファッションだった時代、彼らの作風はパリの服飾界に衝撃を与える。それまでの「よそいき着」と「普段着」の区分を超え、「パターンによって裁断され、身体の線をあらわにする服」「左右対称」などの服にまつわる既成概念を破壊した。

華やかな色彩とゴージャスなドレスに埋め尽くされるショーに慣れきっていたメディアは、全員ノーメイクで不機嫌な顔を晒し、黙々とキャットウォークを歩くモデルたちや、虫食いのような大きな穴がそこかしこに開い

カワクボ・レイによる穴の開いたセーター（1983年．パリ・コレクションにて発表）

たセーター、擦り切れそうなかぎ裂きがあるズボン、左右が非対称な長さのジャケットなどに遭遇して衝撃を受けた。

パリコレクションを冒瀆する行為だとたちまち激しい非難が巻き起こった。かと思うと、強烈な「パールハーバー・アタック(真珠湾攻撃)」と評する批評家たちもいた。激しい賛否両論の中で、異様なファッションは一層の注目を浴び、ストリートファッションを見慣れた若者層からは熱狂的な支持を得てゆく。

「貧乏ルック」はやがてストリートファッションの担い手たちによって広められ、ファッション界を席巻するようになった。身分や地位を表し誇示するための「ファッション」に、もはや飽き飽きしていた消費者たちの意向に高級ブランドは気づかされてゆく。

貧乏ルックの中に隠された「ぜいたくさ」

一時の衝撃が収まって個々の作品を見なおすと、人々は「貧乏人の服」が実は周到に計算された美学に基づいていることに気づいた。無造作に穴が開いているように見えたセーターは、実はしっかりとレース編みのように糸の段階からわざとジグザグに入念に編まれた作品だった。ヘムライン(縁取り)の左右が非対称の服も、巧みなカットを駆使し、しっかりした縫製で仕上げられていた。

穴あきのデザインに使う糸は実は織り糸の段階からわざわざ不均等に編んで捻りを加えてから織っていたし、ひたすら黒であるかのように見える黒が実は墨の濃淡のように青みがかった微妙な色を重ねていたものだった。「貧乏ルック」は実は手の込んだ職人技の名品ともいうべき作品だったのだ。清貧さを備えた美学に裏打ちされた作品――「貧困の美学」の結晶だった。

衣服が欠乏する戦時中に生まれたカワクボやヤマモト、ミヤケらは、当て継ぎや刺し子を使ってモンペやキモノを繕い、防空頭巾をかぶっていた父母や兄弟を見ていた。母や祖母が丁寧に当て継ぎをしたズボンは物資が足りない生活の中でも工夫をこらしてつくられた「作品」だった。質実剛健、節約、清貧といった意思の中にこそ美はあるはずだ。そこには商業主義を排し、徹底して手作りと古着にこだわったパンクとの親和性があった。

パリの高級ファッションが倦怠期にあった中、「貧困の美学」は八〇年代のファッション産業を牽引するトレンドをつくりだし、高級ブランドの大衆化路線を促す流れをつくってゆく。もはや固定的な階級自体が崩壊してゆく時代において、「ハイファッション」が表現すべき「ヒエラルヒー性」や「エリート主義」は時代遅れとなりつつあるのを人々は感じ取っていた。

こうして「貧困の美学」の前衛性にファッション産業は飛びつき、取り入れていった。二一世紀に至ってもその流れは続いている。「貧乏ルック」は豪奢な装いと共にファッションの主流の中に入り込んでいる。貧しい人々、ＬＧＢＴＱなどのマイノリティの「承認要求」が持つパワーをファッション界もメインストリームも、もはやないがしろにすることはできない。むしろ取り入れてゆくことでマーケットは活性化し発展する。そのことを高級ブランドも理解したのだった。

メインストリームに入り込むヒップホップ

パンクとの親和性が高く、ファッションやポップカルチャーに影響を与え続けているのがヒップホップだ。ヒップとは一九世紀のアフリカン・アメリカンたちが使っていたスラングで、「仲間内でだけ知っている」という意味らしい。ホップとは跳躍する、という英語からきている。

ヒップホップミュージックの出自はニューヨークの貧しい人々が住むサウス・ブロンクスにある。アフリカン・アメリカンやカリビアン、ヒスパニック系の若者たちが集うストリート・カルチャーから発生した。今日「ヒップホップ」というジャンルには音楽とブレイクダンス、ラップと呼ばれるリズムに乗った語り、ＤＪ(ディスクジョッキー)、グラフィティ(落書き)、身に着ける「ヒップな」ファッションなども含まれる。

今日ではグラフィティはアートとして認められる領域に成長しているが、元来、グラフィティ・アーティストたちは、落書きを描いては逃走する「軽犯罪法破り」の輩たちだった。当然取り締まる警官とのイタチごっこを繰り返す。駅の壁にグラフィティを描いて捕まり、殴打されたのがもとで命を落としたマイケル・スチュアートのような若きグラフィティ・アーティストもいた。彼の訃報を聞き、激しい衝撃を受けたジャン・バスキアはその衝撃を「マイケル・スチュアートの死」と題した一連の絵画作品で表現し、アメリカの人種対立と暴力性を告発した。バスキアはヘロイン中毒のため、わずか二七歳で亡くなるが、彼が生み出したグラフィティ、油絵、素描、詩などは、ヒップホップをグローバル・アートの地位に引き上げた。

だがバスキアらが自らの人生で示してみせたように、スラムのストリート・カルチャーを出自とするヒップホップは、当初から犯罪者や自己破壊的な若者たちと隣り合わせに生きる命運を持っていた。その破壊的な不確実性を多分に含んだ要素が、ファッションとして取り入れるにあたってメインストリームのグローバル企業をしばしばためらわせた。

ストリート・カルチャーからグローバル・カルチャーへ

ニューヨークには実に多種多様な人々が生活している。中でもヒップホップが開花したサウス・ブロンクスは合法・非合法を問わず移民も多く、マフィアと暴力犯罪がはびこる地域でもある。そのような「あらゆる危険さ」や、雑多で複雑な要素から生まれるダイナミズムをアートとして表現するジャンルが、ヒップホップだ。

ニューヨークの地下鉄やダウンタウンの路上に立ってみるとヒップホップの生い立ちがよく分かる。通りや電車のプラットホームで人々の会話を聞いていると、英語にカリビアンやヒスパニックの語彙が突然入り込んでくる。スペイン語と英語が混在し、カリビアンたちの方言も混じり合う。随時英語とスペイン語が切り替わり、一瞬、何を話しているのかと戸惑う程だ。だがそのダイナミズムと多様性ゆえに、彼らの文化は現代のアメリカ社会を映し出すアートをつくり出すパワーをもっていると感じさせる。

ニューヨークの美術館でもアフリカン・アメリカンやカリビアンの存在感は圧倒的だ。彼らの「ヒップで」「クールな」挑発性はアメリカのポップカルチャーの真髄そのものだ。ニューヨークのローカルなストリート・カルチャーがグローバルに広がり、二一世紀の代表的な世界のポップカルチャーをつくりあげた、まさに「グローカリズム」そのものなのだ。

しかしヒップホップは単独で突然出現したものではない。前振りがある。一九一〇年代から一九二九年の大恐慌に至る時代に開花したハーレム・ルネサンスだ。この時期アフリカン・アメリカンの文化はハーレムを中心として花開いた。パフォーマンス・アート、ソウル、ジャズなどのアフロミュージックを中心に黒人専用の劇場や映画館、クラブなどが林立した。そこに安い家賃と異文化に惹かれた白人の若者たちも住むようになり、地域がだんだん中流化してゆく。するとさらに安い家賃をもとめて、アフリカン・アメリカンたちはブルックリンやサウス・ブロンクスへと移動してゆく。そこで花開いたのがストリートにたむろする貧困層の若者たちを中心としたストリート・カルチャーとしてのヒップホップだ。だがサウス・ブロンクスのローカルな文化がグローバルなポップカルチャーへと飛躍するには時間も必要だった。

一九八〇年代に私が耳にしたラップの言説は卑語に満ち、女性蔑視的で排他的だった。時に独善的で聞くに堪えないものも多く、到底グローバルなカルチャーにはなりえずに消えていくだろうと感じたくらいだ。

ところが一九九〇年代以降、ヒップホップはダイナミックに変貌してゆく。そのメッセージはグローバル・ステージで深化し、テーマは広範囲に、しかも普遍性を帯びてゆく。ラップは様々な人々の口を借りて「普遍的なメッセージ」を伝えるようになる。性差別や人種差別、貧困に抗議する政治性が盛り込まれたラップが世界各地から登場し、多様なラッパーが出現してくる。女性の地位向上運動としてラップを歌う女性ラッパーも、ブラジルのスラムから地域の活性化を図るラッパーも出現した。ラップが商業的な成功を収めるにつれ、商業資本もヒップホップの可能性に強い関心を示してゆく。

「貧困」「犯罪」といった一見ネガティブな要素をメインストリームに持ち込み、さらに高級ブランドにすら入り込ませてゆく過程の中で、ヒップホップ自体が変貌し、「普遍化」を成し遂げてゆく。ヒップホップは遂にメインストリームに位置する高級ブランドを惹きつけ、そしてそれらを変質させていった。その前振りがオルタナティブ・カルチャー(マイナーな文化)を信奉する若者層とヒップホップの融合だ。

第三節　グローバルファッションブランドとヒップホップ

ジェネレーションX、Y、Zの登場

ヒップホップのファッションはスケートボーダーやサーファーといったスポーツに興じる若者たちとも親和性があった。スケートボーダーやサーファーに的をしぼったシュープリーム

（Supreme）のTシャツなどを愛用することで知られる、オルタナティブ・カルチャーの信奉者たちだ。専門職につくインテリや富裕層の中にもオルタナティブ・カルチャーの信奉者はいる。富を抱えきれないほど持つよりも、早期リタイアなどを成し遂げて質実剛健な生活を送ろうとする人々もいる。財産を増やすより、意味のある人生を送ろうとするオルタナティブ・カルチャーの信奉者たちは、メインストリームから一歩退いて暮らそうとする人々だ。自動車を持たず、商業主義を嫌悪し、古着を着込んで自転車を乗り回す。エコロジカルなライフスタイルや平和主義、ヴェジタリアニズムやオーガニックフードなどを信奉し、リサイクルにも熱心だ。

彼らは情報を集めまくるジェネレーションX、Y、Zでもある。ヒップホップはこのような中流層、富裕層の知性豊かな若者をも取り込んで勢いを増幅させ、グローバルな流行を形づくってきた。高級ブランドは目の前に出現したX、Y、Z世代を取り込むため、ヒップホップとの共存を選択した。両者のコラボレーションは進行し、二〇〇〇年代にはヒップホップのスターたちがグローバルなファッショントレンドをリードするようになってゆく。

「挑発性」を取り込んで変貌してゆく高級ブランド

従来の高級ブランドは端正さを好み、破壊的なデザインやライフスタイルには否定的だった。

それを突然覆し、瀕死の高級ブランドの一つを劇的に回復させたのがトム・フォードだ。九〇年代初頭、名門グッチは倒産寸前だった。

三〇代前半の若さでクリエイティブ・ディレクターに就任したトム・フォードはクイア・コミュニティの出身で、セクシーで、ユニセックスなスタイル路線を打ち出した。当然ながらこの新機軸は従来のグッチをひいきにしていた顧客層からは拒否された。「下品だ」と眉をひそめ、離れてゆく古くからの顧客たち。だが、その挑発的なスタイルはメディアの注目を惹き、若者層からは圧倒的な支持を得る。メインストリームの持つ落ち着きや端正さよりもクイア・コミュニティが持つマージナルで冒険的な要素を取り入れたデザインは、またたくまにフォードを時代の寵児とした。

その変化はすぐに売上に反映し、グッチは息を吹き返す。フォードがデザインするアパレルへの注目度によって、より高額な皮革製品、特に鞄類の売上が飛躍的に伸び、売上は倍々ゲームで増加した。「服で客を呼び、高額で利幅の大きい皮革製品を買わせる」戦略は大当たりしたのだ。

以後グッチだけでなく他の有名ブランドでも、挑発性を狙ったファッション戦略は取り入れられ定着してゆく。それに敏感に反応したのがラッパーたちだ。彼らは高級ブランドを原色や金をふんだんにとりいれた派手なアクセサリーやゴージャスな毛皮、革のジャケットやコートなどと組み合わせ、「ヒップに」着こなした。ダイナミズムを失い、若者が相手にしなくなっていた高級ブランドにとって、ヒップホップは「若返りの媚薬」「クイック美容整形」のような効果をもたらした。

だが、高級ブランドはグローバルな安定した市場を求め、ヒップホップとの関係を「成熟化」させる方向へと舵を切ってゆく。バルマンがカニエ・ウェストを、ルイ・ヴィトンがヴァージル・アブローを、クリエイティブ・ディレクターに起用したのはその好例だ。ウェストもアブローもヒップホップのストリート・カルチャーの中で育った世代だ。両者ともミドルクラス出身で高等教育を受けていたが、カニエ・ウェストは当時すでにヒップホップの大スターとして知られ、ヴァージル・アブローもヒップホップのDJをつとめるほどヒップホップミュージックには通暁していた。アブローはそれ以外にも建築家、工業デザイナー、ファッションデザイナーとして活躍し、ヒップホップをビジネス的に成功させる戦略を持っていた。その戦略は同時にヒップホップが持つ反社会的な挑発性を薄め、アートと商業資本を合体させ、ジェネレーションX以降の世代に幅広く受け入れられやすいスタイルをつくり出すことになる。

彼らは高級ブランドにヒップホップやパンク・ファッションを恒常的な存在として入り込ま

せることに成功した。パンクが反商業主義の土壌を持ち、ヒップホップが挑発性のある社会プロテストのメッセージを持つことを考えるとこれは画期的といえる。

戦後の若者たちがつくった対抗文化

かつて前衛でありつづけることが権力や既成概念との対決だった時代、前衛「アーティスト」たちは商業主義に巻き込まれるのは自分の芸術や思想の敗北だとみなし強い警戒心を抱いていた。そんな商業主義との対立姿勢は一九世紀の対抗文化運動にさかのぼる。当時すでに出現していたのはフランスの「ボヘミアニズム」や、一九世紀後半から二〇世紀にかけてドイツやスイスで広まった「生活改良運動」だ。一九世紀のドイツやスイスの進歩的知識人らによる自然回帰運動は、健康食やオーガニックフードなどを称揚し、その一派がカリフォルニアに移住していった。その子ども世代が米国の西海岸を中心とした六〇年代のヒッピー運動の母体となってゆく。六〇年代に対抗文化と名づけられた、若者の「文化運動」の母胎のひとつだ。

戦後の米国から生まれた二〇世紀後半の対抗文化運動は、より大きな流れとなってゆく。そして「現実の若者」たちだけでなく、「かつて」若者だった人々、あるいは「若者」に擬態する「反抗する大人たち」をも巻き込んでゆく。娯楽産業やファッション産業にとって、「若者世代」は目の前に出現する大きな市場だった。この結果、グローバル化する米国の娯楽産業やファッション産業は若者の対抗文化をグローバルな舞台へと引きだした。そして九〇年代のインターネット時代にいたり、益々スピードを加速させ世界中を巻き込んでいった。

戦後の対抗文化運動の特徴は名もない大量の若者たちを担い手としていた点で、それまでの文化運動とは大きく異なる。それまでの文化運動の担い手はインテリや芸術家、つまり大人たちだった。しかもその大人たちの多くは富裕層の生まれだったり、富裕層に経済的に支えられた中流層だった。名もない多数の「若者」や「ティーンエイジャー」が文化の担い手として登場したのは戦後のベビーブーマーたちがはじめてだ。そしてそれを可能にしたのが、彼らの「数の力」と親世代が経験したことのない「豊かさ」だ。戦後生まれの米国の子どもたちは、幸運にもかつてない豊かな社会に生まれついたのだ。

彼らを待っていたのは移動の自由と親から与えられた小遣い、そして時間だった。バスや汽車などの公共交通機関の発達で、少しのお金と時間があれば自由に長距離を移動できた。親たちが提供する、家賃を払わなくてよい家もあった。やがて彼らは巨大な消費者集団として立ち現れてくる。親世代とは異なるライフスタイルを模索する若者たちは大口消費者として、ファッション産業や娯楽産業だけでなく他の産業からも注目され始める。自由を主張する若者たちと、彼らの消費行動を取り込もうとする商業資本。その相克が戦後のポップカルチャーを形作ってゆく。ポップカルチャーが拡大し、消費経済を回す歯車の一つともなってゆく。

対抗文化に取り入れられたブラック・ミュージック

米国の若者がまず惹きつけられたのはブラック・ミュージックだった。米国の白人中流層の親たちの中には、戦前も戦後もジャズを聴くことを禁じていた人々もいた。黒人音楽なんて、ギャングや怪しげな連中が出入りするクラブの音楽だ。そう彼らは思い込んでいた。だがそんな親たちでも白人のプレスリーが歌うのなら文句が言えない。渋々子どもたちがプレスリーのレコードを買い、コンサートに出掛けるのを許した。

ところがプレスリーは表面的には白人だが、アフリカン・アメリカンのソウルやブルースを仔細に研究し、その影響を強く受けていた。「あいつはまるで俺たちのように歌う。ラジオで聞いていて、すっかり黒人だと思ったよ」と、黒人ミュージシャンたちから評されていたぐらいだ。プレスリーだけではない。ロンドンから米国にかけて広がったロックンロールは、ジャズ、ソウルやブルース、ゴスペルなどのブラック・ミュージックの影響を強く受けていた。海を隔てた英国で起こっていたパンクも同様だった。ヒップホップと連動するようにブラック・

ミュージックからの影響を受け、それを消化していた。こうして米国土着のブラック・ミュージックとグローバルなポップスの融合は米国内で進行してゆく。ロックンロールやパンクの音楽を通じて日本のティーンエイジャーたちもまた、ブラック・ミュージックの影響を強く受けてゆく。以降、アフリカン・アメリカンの音楽は世界各地がそれぞれに生み出した「ストリート・カルチャー」と融合し、二一世紀のポップカルチャーを育んでゆくことになる。

第四節　変節したパンクの旗手たち

パンクと商業資本の複雑な関係

パンク音楽に付随して出現したパンク・ファッションは、その初期においてはDIYを地で行ったアンチ商業主義だった。古着に自分で意匠をこらし、商業資本からは受け入れられない奇抜なファッションを手作りした。髪をトサカのように逆立てて緑や青の色に染めたり両側から刈り込んだり、鼻輪をつけたり安全ピンをぶら下げたりと、身体そのものを侵食するような風俗をつくりだした。革ジャンにも自分の意匠でペンキなどをスプレーし、オリジナリティを手作りした。商業主義と決別するために手作りしたのだが、パンク・ファッションを買い集め

「店で売る商品」として商業化して成功を収めたのが、マルコム・マクラーレンとヴィヴィアン・ウエストウッドだ。だが彼らの軌跡を改めて見てみると、商業資本はパンクの「反商業主義」すら取り込んで売り物にしまったのかもしれないと思えてくる。

パンクにはそもそも強い思想的背景があった。個人の自由の謳歌、反体制主義、反商業主義、反権威主義、性的平等主義などだ。そしてそれらの思想は究極のＤＩＹ主義に結びついていた。パンクの平等さはロックやヒップホップと比較するとよくわかる。ロックバンドやヒップホップは初期には女性抜きで性差別的だった。だがパンクは当初から女性や高齢者でもバンドのメンバーとして迎え入れていた。性別や世代を超えた寛容さがパンクの特徴だった。二一世紀の倫理観をそれなりに先取りしていたともいえる。

パンクミュージックの反商業主義を体現していたのがセックス・ピストルズだ。彼らの成り立ちから消滅までの経緯そのものが商業主義を強く拒否した好例だ。安全ピンや鋲を顔面にぶら下げ、黒革のボンバージャケットによれよれのＴシャツと擦り切れて穴の開いたジーンズをまとい、過激な反社会的メッセージに満ちた歌を演奏する。コンサートは保守的な人々からの攻撃の的になってしばしば中止に追い込まれたが、それがまた彼らの評判を高めていった。

そんなバンドを育てたのが「セックス」のオーナー、マルコム・マクラーレンとヴィヴィアン・ウエストウッドだ。「パンク」を自称し、「セックス」という名のパンク・ファッションの店を成功させ、パンク・ファッションのメッカに祭り上げてしまったカップルだ。セックス・ピストルズは店の客や従業員をスカウトしてDIYでつくり上げたバンドだ。だがバンドのメンバーたちは、商業主義には徹底して反対し、マクラーレンやウエストウッドの販売戦略には乗らず、わずか二年あまりで解散してしまう。

他方マクラーレンとウエストウッドは「セックス」を閉店したのちもビジネスで成功を収め続ける。マクラーレンもウエストウッドも商業主義がもたらす物質主義に反対し、その抵抗の手段として手作りパンク・ファッションに共鳴していたはずだ。だがブランド主義を否定するための戦略自体が結果としては見事な商業的成功を収め、それ自体でブランドをつくりだしてゆく。はたから見るとなんとも皮肉な結果だが、彼らはそうなることをむしろ予測し計算し尽くしていたのかもしれない。

セックス・ピストルズの解散後、店の名前は「セックス」から「世界の終わり」へ、さらに「ヴィヴィアン・ウエストウッド」へと変貌を遂げる。販売する服は古着の寄せ集めから懐古調のバロック風ヨーロッパスタイルへと変化し、「ヴィヴィアン・ウエストウッド」自体が見事に「有名ブランド」へと転身を遂げる。

「ヴィヴィアン・ウエストウッド」は今やグローバルにチェーンを展開し、超富裕層の顧客も抱える有名ブランドだ。アメリカの有名なテレビドラマ「セックス・アンド・シティ」の衣装も担当し、賞も授与された。有名スターたちも贔屓にしている。ウエストウッドは輸出の振興によって英国経済に貢献したとして勲章を授与された名士だ。

現在のウエストウッドには往年のパンクだった風情はほとんど見あたらない。強いて言えば環境問題には今でも一定の理解を示していて、動物愛護団体のＰＥＴＡと連携し、世界ウォーターデイへの協賛やヴェジタリアニズムの推進に共鳴している程度だ。むしろ、商品を安くつくるために中国に工場を建て、有害な薬品や染料を地元の河川に垂れ流したとして激しい批判を受けたりもしており、ごく普通の実業家のようにすらみえる。

有名ブランドが取り込んだパンクの手法

「元」対抗文化の旗手たちの中にはウエストウッドのように商業主義と見事に合体している人々もいる。対抗文化は高級ブランドに取り込まれ、高級ブランドに必要な「リフトアップ（整形手術）」の役割を果したかのようだ。商業資本と合体し、共存することによって、より挑戦的なアートを商業資本の中に忍び込ませられるとでも思ったのかもしれない。

実際のところ、そうかもしれないとも思えてくる。パンクの流れを汲むアート手法にはブリコラージュ（寄せ集め）、プレイジャリズム（剽窃）、ジャミング（ごった煮）などがある。これすら高級ブランドに取り込まれ、もはや共存してしまっている。「貧乏人」に見える服、体を「不細工」に見せ、「瘤だらけ」にする服、左右が「非対称」でわざと皺があるように見せる服、野球帽と金色やどぎつい原色を使い、「ミスマッチ」のカラーで彩った「いかにも趣味の悪い」服。その下にジャージのズボンを穿きスニーカーという、TPOを無視したファッション様式も今や高級ブランドで花盛りだ。グッチやシャネル、ルイ・ヴィトンなどが取り入れて久しい。自社ブランドのロゴをわざわざ崩し、「フェイクらしく」仕立てることすらも有名ブランドがすでに取り入れつくしている。

ヒップホップやパンクの旗手たちは、かつて「フェイク」をつくることでオリジナリティを出すことを考え、あえて「フェイク」をアート作品としてつくった。ブランドそのものが戦略的につくられた剽窃であり、それもまた寄せ集めでしかないという観点に立ってみると、「グッチ」や「シャネル」の「本物の品」があえて自らをニセモノ風につくってみることは、本物であるが故に許される特権であるのかもしれない。高級ブランドのバッグですら規格化され、大量生産されている時代だからこそ、ブランド品が主張する「本物性」はあえて、剽窃やジャミング、グラフィティによって証明できる。所有者が、自分なりのもの、オリジナルなものに編集し直すことも対象が本物であれば自由にできる特権だ。そうすることで、むしろたった一人の所有者にとって「唯一無二」のモノとなり、それを周囲に印象づけられるのだとも言える。

第五節　大量生産体制に隠された自由とは

「第二のルネサンス」とヴァージル・アブロー

「究極の普通」や「ブランドの剽窃」によって自分流に編集を行う行為の中に「ぜいたくさ」を見る人々もいる。この胎動を第二のルネサンスと呼ぶのは二〇一八年にルイ・ヴィトンの男性部門のクリエイティブ・ディレクターに就任したヴァージル・アブローだ。

イリノイ州ロックフォードの下町地区で育ったアブローの両親は、ケニアから移住してきた移民第一世代だ。下町でスケートボードやヒップホップミュージックに浸る少年時代を送りながら、アブローは徹底して「ファッション」に凝っていた。母親にミシンの使い方を習って自分だけのストリートファッションを盛んに手作りし、アルバイトにＤＪも続けていた。大学では土木建築を専攻し、大学院に進むと建築学を修め、その後ニューヨークの大手設計事務所に就職した。だがそれでも夜はＤＪを続け、ヒップホップの世界に入り浸るという二重生活をしばらく続けていた。「そこが自分にとって一番好きな場所で、いつもヒップな最新情報に浸っていたかったからだ」と、アブローは後に語っている。

設計事務所に勤めながらスマートフォンで企画を練り、「オフ・ホワイト」と名づけた自分のブティックをオープンするや否や、設計事務所をやめた。

しかし建築家であることをやめたわけではない。彼にとって複数の領域で同時に活動するのは常態だ。事務所で机に向かってデザインをすることはほとんどない。歩きながら、あるいは立ったまま、ベッドに寝ころびながら、スマートフォンを使ってデザインをする。パリの美術館の内装デザインやイケアの家具デザインも机の前に座って考案することはない。オフ・ホワイトを立ち上げるときの企画や店の内装デザインも同様だ。

彼がアドヴァイスを求めて語り掛ける相談相手は若い頃の自分だ。新しいデザインが浮かぶと、いつも「ティーンエイジャーの頃の自分」に語りかける。「あの頃の自分に、このデザインで満足するかどうか」と尋ね、ＯＫがでないとボツにする。

彼が強い影響をうけた人物はシュープリームのブランドをたちあげた実業家兼デザイナーのジェームス・ジェビアとアパレルブランドで知られるラルフ・ローレンだ。建築家のル・コルビジェからも大きな影響を受けたという。

アブローはジェビアやローレンは既製服、特に「制服」の「スマートさ」を若者に教え、「手が届くぜいたくさ」をつくりだしたとして高く評価する。七〇年代から始まった大量生産による良質な規格品化がつくり出した「ちょっとしたぜいたく品」の出現。これにより、二〇世紀のファッションは「民主的な変革」を経験してきた。この二人はそんな世の嗜好を体現してきたデザイナーたちでもあると、アブローは評価する。

大量生産の既製品は価格を抑えることができる。これは民主的だ。工夫次第で誰もが「ぜいたくさ」を体験できる。既製品の質が向上することで、富裕層も普通の若者も同じものを着ることになり、そのこと自体が「平等」と「自由」を与える。それは二一世紀の民主的な部分だ。時代はまさに「第二のルネサンス」を経験している――そうアブローは主張する。

しかし「第二のルネサンス」における均質性は職人性によって保証されていなければならない。それを実感させるためのストーリーが必要だ。だからこそアブローはTシャツの生地をイタリアで織らせる。「わざわざ」イタリアで織らせた生地と、普通のTシャツの生地がどう違うかを肌で感じて欲しい。アブローは若者たちに語りかける。どこにでもある綿ではなく、「イタリアの職人たちが織り上げた綿布」でTシャツをつくる。「どうだ、着心地がいいだろう?」と、まだぜいたくを知らない若者たちにSNSでアピールする。

綿シャツ以上に高価な革は、まさにその「職人性」にふさわしいストーリーがひかえている。年と共に風合いがでて自分にとっての唯一のモノ、アイデンティティの一部となる革製品。有名ブランドの鞄や靴は値が張るからおいそれと手が出にくい。だが、若者でも財布やストラップくらいならなんとかなるだろう。それを手に入れることで、ブランドに込められた職人への敬意と品質への信頼を感じられるかもしれない。

上質な生地を使ってしっかり縫製されたTシャツを着れば、それまで味わったことのない「快適さ」を知るだろう。ヴィトンならばTシャツ一枚が数万円するかもしれない。だが、街着にも晴れ着にも着まわせるならコストパフォーマンスは優れているかもしれない。誰もが何千ドルもするヴィトンの革のジャケットや革製のバッグを買えるわけではないが、革を少しだけ使っているキーチェーンや財布でも「ぜいたくさ」はそれなりに味わえる。それが自分の一部になるまで使い続け愛着を持つことで「魔法」をかけられる。アブローの言説を聞いていると、そんなふうに思えてくる。

あたかもかつて日本の猟師が山にはいる時に毛皮の切れ端をもって魔除けにしたように、ちょっぴりの革でもブランドの魔力があれば持つ人の一部になり得るのかもしれない。ちょっぴりの革でも愛着を込めればアイデンティティの一部になり、人々は満足するのかもしれない。

アブローがデザインした革のベストは、従来型のベストにはみえない。幅広の革紐のようでもあり、「ほんの少しの高級革」でできている。彼がデザインするナイキとヴィトンがコラボレートしたスニーカーにも「ほんの少しの上等な革」が使われていて、「数万円で」手に入る。数万円のスニーカーを高いと思うか安いと思うかは議論の余地があるにせよ、そこには流行の衣料や小物を富豪も若い学生も身に着けられる「ある種の平等さ」があると言えなくもない。

この平等性は高級ブランドの巨大化によって整備された量産体制なしには出現し得なかった。八〇年代以降の技術革新による大量生産体制とグローバル化により高水準の製品が供給できるようになって、初めて出現したものだ。

ネットワークがつくる二一世紀の「平等性」

皆がデザインを共有し、生活の質を高める「民主的な運動」が息の長い対抗文化運動になるかもしれない。それには複数の企業やデザイナーたちがコラボレートすることも重要だ。そうアブローは考える。

今日のコラボレーションには平等性が必須だ。相手とオープンで透明性が高い関係を築く必要がある。顧客や聴衆とも水平な関係で対話し交流できることが大切だ。自分から与えるものがあって初めて相手からも与えられる。それで一歩前進する。そのやりとりの中から今まで考えられていなかったちょっとした隙間、新たな領域が見えてくる。それを可能にするのが水平なネットワーキングによる関係性の構築だ。ここには売り手も買い手もない。必要な情報を隠し持っている企業はそっぽを向かれるだろう。有名スターも路地でスケートボードをする若者も同じナイキのシューズを履き、同じティー(Tシャツ)を着る。これが、アブローが考える仲間意識であり、平等性をつくる鍵だ。ファッションがつくる平等性と言っていいかもしれない。

「編集」に加わることで人生を積極的に生きる

アブローは語る。既製品をそのままで着るのは到底勧められない。それではただの消費者だ。自分の一部としてほんの少し「編集」する。これが大事だ。襟を立ててみたり袖をまくってみたりすることだって「編集」には違いない。そして身に着けているものは自分の一部だと感じることが大事だ。フーディーを着て面接に行ったっていい。本来の自分ではない服装で面接に行くことがいいはずがない。本当の自分ではない自分を作り面接に出掛けてもらった仕事など本当にやりたい仕事のはずがない。好きでもない仕事を八時間やって、残りの時間を趣味に生きるなんて、人生の浪費だ。

人生のキャリアは直線的ではなく、ジグザグだ。いろんな経験がどこかで必ず役にたつ。ジグザグを繋ぎ合わせてゆくと自分のやりたいことが早く成し遂げられる。少年時代のスケボーに狂った日々も、Tシャツを自分で縫って好きなデザインをつくったことも、建築学を学び、ヒップホップのＤＪをやったことも、すべてが今に繋がっている。

アブローが尊敬してやまないのがル・コルビジェだ。建築家であり、画家、著述家であり、統合的な芸術家でもある。だが、アブロー自身は自らを芸術家とは考えていない。あくまでも顧客に奉仕するデザイナーだ。

三パーセントルール——「ぜいたくさ」に隠れた「自由」

現代は大量生産による規格品の時代であり、ほとんどの製品には必ずデザイナーがいる。醬油の瓶にも花瓶にもそれを考えた工業デザイナーが存在している。しかし一方で、現代は自分にあったオリジナルをつくろうとすると簡単にできる時代でもある。ちょっと手を加えればいいのだ。三パーセントだけ、自分の「編集」を加えればいい。例えばナイキの定番のシューズに三パーセントだけ手をいれて違ったものにしてみる。それが「自分の仕事」だ。

自己表現や自己満足のために製品をつくるのではない。あくまでも顧客が必要とするモノをつくる。それが自分の役割だ。だが商品は永遠に固定化されるものではない。消費者の手に渡っても永遠に編集が続いていく。自分とモノの関係は変わり続ける。世の中は常に過程そのものだから、物事にも関係性にも完璧も終わりもない。商品にアブローは三パーセントを付け加える。さらに消費者も購入したモノを自分のものとするために少しだけ編集を加える。それでモノとの関係性が培われ、モノは新たなオリジナリティを獲得する。かつてエルメスのCEO、ジャン・L・デュマが語った「ぜいたく」についての言説が思い起こされる。彼はぜいたくなモノとは、それをつくった職人と所有者とモノとの関係性において生じると考えていた。

だがアブローは新たな問題を提起する。過剰な消費の問題だ。果たして自分に今もう一足靴が必要だろうか。この部屋には椅子がもう一脚必要だろうか。「こんなふうに再考することも必要だ」と、彼は言う。つきつめて考えてゆくと、消費に節度を持つことも必要だ。そうなって初めて本当の「ぜいたくさ」を考えられるようになる。自分に合った空間配分をつくりあげられたら、それこそが自分のために特注されたぜいたくというものだ。

アブローの言説は、コロナ禍が蔓延する今の世界を考える上でも役に立つ。自分が気持ちよく働ける部屋は自分固有のものだ。それを作りあげられたらどれほどのぜいたくだろうか。気に入ったティーを着てテレワークをする。リラックスできる椅子に座り、お茶を飲みながらテレビ会議で世界中の友人と話し合う。気に入った音楽を流し、好きな観葉植物を部屋に置く。仕事も集中して短時間でできる。そんな自分だけの環境をつくることを夢見ることは許されるし、永遠に手が届かないぜいたくではない。だがそれには自分とその部屋との間に適切な関係をつくることが重要だ。愛着を持てるだけの編集を周囲に施さなければならない。それが自分だけのぜいたくをつくるコツだ。

大量生産が可能になった時代であればこそ、若者でも買える値段でぜいたくを体験できるモノが調達できる。生活の質をあげるぜいたくさをつくり上げるための段取りに不可欠なのが、自分とモノとの関係づくりだ。それを永遠にアップグレードし続けることこそが幸せの鍵だ。

このスタンスは、ひいては二一世紀の産業倫理にも繋がる。高級ブランド企業でも、やみくもに消費をあおってはいけない。節度が重要だ。アブローの言説はかつてパンクの旗手たちが主張していた「手作りのファッションを称揚することによる商業主義との決別」のメッセージと、どこかしら、連動し合う。ふとしたところにある「自由」とは、もしかしたら「不均衡」「不統一」の中にひっそりと隠れているのかもしれない。「ひそかな自由」を獲得するコツとは、それを使う人自身の編集という「魔術」をかけることにほかならないのかもしれない。

第四章　二一世紀のファッションと揺れ動く「ファッション倫理」

エルメスの店の前でクロコダイルを殺してバッグをつくっていると抗議するPETA（2015年．GettyImages〈Tibrina Hobson 提供〉）

第一節　革と霊力

「アンチ毛皮組織」と「世界皮革会議」

二〇一九年の春、筆者はニューヨークで開かれた世界皮革会議に出席しようとしていた。一カ月も前にあらかじめ許可されていなければその会議に出席できないことに一週間前に気づき、パニックになった。メールで専門家からの推薦状をもらい、頼み込んでようやく開催するビルへの入場許可証を得ることができた。だがそれほど厳重な規制をするのはなぜだろうと、いぶかしくも思った。

後で聞いてみると「アンチ毛皮組織やヴィーガンたち（乳製品を含め、動物性タンパク質を一切とらない人々）がやってきて、会議をぶち壊しにする恐れがあるからだ」と言う。だから「入口を二カ所にわたって厳重にチェックする必要がある」のだ。それを聞いて欧米における毛皮反対運動の先鋭化に改めて驚かされたものだった。

毛皮を身にまとうのは昨今あまり歓迎されない。環境保護団体にとって、生き物を毛皮のためだけに殺すことは非倫理的以外の何ものでもない。昨今は毛皮だけではない。天然皮革さえやり玉にあがっている。

だが難しいのは人間が肉を食しているという事実だ。野生の肉ではなく、食するために牛や馬を育てている。肉を食べないのならともかく、ほとんどの人々は大なり小なり肉を食べている。屠って食べてしまった後で残る皮は、なんとしても有効利用しなければならない。そうでなければ食された動物の霊が報われないだろうと私も思う。さらに動物を捕まえたり屠ったりする仕事で生計を立てている人々もいる。動物の屠畜を禁じてしまえば彼らが生活の糧をなくしてしまう。

筆者はどうかというと、肉はほとんど食べない。だが、革靴は履く。しかし毛皮を着るのはどうしても気がすすまない。羽根布団はもってのほかだ。それには染みついた幼児体験がある。

子どもながらに恐怖したもの

子どもの頃、母の実家には怖い部屋が二つあった。一つは雄鹿の首が飾ってある部屋だ。柱の上部に固定された鹿の目にはガラス玉がはいっていて、雄鹿が向こうの世界から無言でぬっとこちらの世界に首を出していた。怖いので日中でもその部屋を決して通らないようにした。

どうしても通らなければならない時は、この鹿を見ないよう、ひたすらうつむいて、鹿のことを考えずに小走りに通り抜けたものだ。

さまざまな鳥の剝製が飾ってあるもう一つの部屋も恐怖だった。その部屋とわずか襖一枚を隔てて寝なければならなかった。夜が近くなると忌避感が恐怖に変わる。夜な夜なあの鳥たちが生き返ってこちらを襲ってこないとも限らない。ひたすら隣りの部屋のことを考えないようにして決死の覚悟で眠りについたものだ。

極めつきは数年に一度、遠目から見る虎の頭がついた毛皮の敷物だ。これが庭先に出てくると、恐怖に慄きひたすら見ないようにしたものだ。その上に武具が並べられる。武具には興味があったものの、わざわざかっと目を見開いたままで殺された虎の首が載っている皮の上に置いてあるものなど、恐ろしくて近寄ることなどできない。私にとって、死んだ動物の毛皮や羽毛は、それだけで恐怖を掻き立てるものだった。

毛皮の霊力と逆襲

ところが、歴史家であるのびしょうじさんによると、毛皮は日本人にとっては魔除けの意味があるという。日本画で見る侍たちの多くが、虎の毛皮の上に座っているのはそのためだ。闘いの場の近くにある陣地で、虎の皮の上に置かれた低い椅子に座っている大将がいる図はよく見たことがある。彼らはまさに虎の皮によって守られていたのだ。

お守りとしての機能を持つという理由で、昔はどの家にも必ず一枚は毛皮があったという。なにも大きい敷物である必要はなく、小さな切れ端くらいでもよい。山に入る猟師は必ず毛皮をお守りとして身に着けた。熊や虎の皮を被ると人間の匂いも消してくれる。死して後も猟師の身を守ってくれるのが毛皮だった。

そんな歴史を体験的に知るのびさんにとって、毛皮は富をひけらかすぜいたく品などではない。霊力（スピリット）を秘めたお守りだ。だからこそ昨今のアンチ毛皮の風潮は受け入れ難い。動物の毛を毟り取って作った残虐な代物だと非難するだけで、そこに霊力が宿っていることが忘れ去られている。これでは日本古来の信仰が台無しだ。毛皮に霊力が宿っているという怖れの気持ちが失われていく。「毛皮を卑しめている」とすら感じる。のびさんは憤懣やるかたない。

そもそも霊力は花や穀類にも存在している。人間は原初からそう考えていた。ネアンデルタール人ですら人間は死んでも次の世界があると考えていたらしい。仲間を埋葬するときに死者にたくさんの花を手向けた。おそらく花を供えることでそのスピリットが死者の霊を慰めてくれると考えたのだろう。穀物も霊が宿っているから刈り取っても再度発芽して食物となってくれる。

花や穀類より、もっと霊力が強いと考えられていたのが動物類だ。魚類より鳥類、もっと人間に近い四つ足動物になるとさらに霊力は強くなる。インドの大学で「平和学」を講じる教授と話をしたとき、なぜ四つ足の動物を食してはならないかと尋ねてみた。「花や穀物より人間に近いのは四つ足の動物だから。これらを食べると共食いに近くなる」ということだった。彼は菜食カーストのバラモン出身ではなく、非菜食カースト出身だ。「時々、どうしても鶏肉やマトンへの誘惑が断てずにいる」と、正直に私に告白したものだ。

動物を屠ることの衝撃

筆者が南インドの片田舎でフィールドワークのために間借りしていた家は、純菜食のバラモンカーストの教授の家だった。「家の中では絶対に非菜食の食物を食べないでほしい」と約束させられ、卵も禁止された。だが卵が懐かしい。通りで目玉焼きを焼いている店があると、生唾を飲み込んでじっと見つめたりした。だが、連れの若いバラモンの女性はそんな筆者にちらりと軽蔑の眼差しを向ける。「さあ、いくわよ」と、毎回冷たく言い放って筆者をせきたてた。

この女性は自分がバラモンカーストの出自であることに誇りを抱いていた。

「私はバラモンという儀礼的に高いカーストの出身で純菜食だ」という矜持があるから、皮革を作るカーストの人々を「低カーストの穢れた人々」と一言で片付けてしまう。彼女にかかると公務員や教員、エンジニアなどはよい仕事だ。穢れがないからバラモンにはふさわしい。そうなると、儀礼的に「ケガレ」が発生する仕事をしている人々が社会を回していることには目を向けられなくなる。

そんなふうに筆者は彼女に批判的だったのだが、しばらくたってそうした自分の見方に自信が持てなくなってきた。実際に屠畜の現場を目撃し、動揺したからだ。罪もない動物たちが次々と屠られてゆく姿は悲惨極まりなく、動物を屠ることに深い恐怖を感じてしまった。

英国のレザーセラーズ・カンパニーの紹介で、二〇一五年にチェシャーの屠畜場を訪問したときのことだ。トラックで運ばれてきた牛はクレーンで吊り下げられてからすぐさま麻酔銃を撃たれ、目の前で生きたまま皮を剝がれた。ただならぬ気配を察してトラックで運ばれてきた他の牛たちも暴れる。だが動揺する間もなく数秒ですばやくフックで吊り下げられ、次々と麻酔銃を撃たれてゆく。「自分がこの牛だったら」と考え、戦慄してしまった。

だが生きたままの牛の皮を剝ぐことを生業としている職人は動じない。鋭いナイフ一本できれいに表面の皮を裂いていく。熟練の職人は冷静沈着で手際は鮮やかそのものだ。死を前にした動物の恐怖を我がことのように想像しつつも、その技には感嘆するしかなかった。

肉を浪費する人間社会へのプロテスト

牛の皮を取ったあとの肉はハムや腸詰めとなり、敷地内の加工肉店でも売られていた。「新鮮な肉が食べたい」と思う人々が、遠くから車を飛ばしてやってくる。ギンガムチェックで小ぎれいに飾り付けられた牛肉店を見て、実存的な矛盾につきあたる。私たちは普段牛や豚を食べている。犠牲になった動物たちを弔わずに単なる食べ物として食べている。だがかつては豊穣の「感謝祭」にみられるように、肉を食べることがぜいたくで晴れがましいことであったはずだ。それより昔、肉は狩りの獲物でめったにありつけるものではなかった。狩りをする男たちの集団は、時として逆上した動物からの仕返しにも遭遇しただろう。恨みがましい目でみられて、生き物の命をとることに畏れを抱いたこともあるはずだ。だが、今は違う。食肉ビジネスでは動物を食肉にするために育てるから、人間側からの一方的な殺戮となる。人間は生命を大事にしない不遜な生き物ではないのか。

食肉のためだけのブロイラービジネスを批判する人々がいるのはもっともなことだ。だがさらに悪いことも人間は考え出した。何十四もの生きた動物の皮を、肉を食べるためではなく、ただ毛皮を取るためだけに剝いでしまうのだ。動物たちを皮を取るためだけに閉じ込めて育て、殺す。これは非道極まりない。育てられてもその肉を食べられることすらなく、生皮のためだけに生かされ、殺されてゆく。

動物たちの命を粗末にしていると批判されると、実にもっともだと思ってしまう。毛皮のためだけに動物が殺されるより、食用になってくれた動物の死を無駄にしないように食すほうが少し罪の意識も軽くなる。さらにもっと譲歩して食用になる動物たちの皮や毛さえも利用すれば有効活用でき、理にかなっているではないか。すでに毛皮として加工されている中古品を利用することは動物の命を文化として再活用することだ。大事につかったほうがよいに決まっている。

人間は必要以上の肉を冷凍庫にストックしている。動物を屠って食べる虎やライオンは必要以上には狩らないが、人間はそうではない。現代人は一年中肉や魚を食べられるようにするため、直ちに食するわけでもない肉をストックしている。精肉産業は工業化され、人間社会は業をさらに深めてきた。

現代人は一年で、一人あたり牛や豚の肉を何頭分食べているのだろうか。その何倍もの不要な肉をなぜ冷凍保存しておくのか。このように考えてゆくと、どうしても人間存在の業の深さに気づき、ディレンマに陥ってしまう。

屠られた動物の毛皮に宿る「スピリット」への信仰

のびさんから毛皮の霊力に関する日本人の信仰について聞いて思い出したのが、中央アジアのシャーマンの儀礼だ。動物の神様を呼び込むシャーマンは、熊などの大きな毛皮を頭から被り、憑依し、動物の霊そのものになる。そして身体を揺らしながら託宣を行う。被っている毛皮は獣じみていて生々しく、とても「なめらかで触り心地がよい」代物ではない。だが、これを被ることによって、シャーマンは神である動物の霊と交信できると信じられている。

そう思いいたると、エスキモーやネイティブ・アメリカンたちが毛のついた皮に強い思い入れがあるのも納得できる。だが残念なことに、白人たちがネイティブ・アメリカンたちから毛皮を入手する時、毛皮は装飾品としての価値しか与えられていなかった。呪具としての毛皮の役割を理解していなかったから、ネイティブ・アメリカンたちからスピリットについての話を聞くこともなかっただろう。毛皮に霊力があることについては無関心なままそれを欧州に持っていき、ぜいたく品として高値で売り続けた。

毛皮の霊力について知っていたら、白人たちの毛皮の扱いはもっと違っていたかもしれない。だが、その力を知らない人々が単なる装飾品と見なして身にまとうと、かえって動物の霊から逆襲されることになる。なにしろ毛皮の元の持ち主は生き物だ。毛皮は「呪力」を発揮し、人々を攻撃する。毛皮が欧米の人々に本格的に逆襲しだすのは二〇世紀後半、アンチ毛皮のキャンペーンからだ。

第二節　動物たちの逆襲

消費者運動の先駆けをつくったアンチ毛皮キャンペーン

一九七〇年代に起こったフェミニズムの政治闘争の中で、毛皮は恰好の標的のひとつになった。だが、これによって毛皮を扱う業者だけでなく、多くの女性たちが、意識しないままにアンチ毛皮キャンペーンの標的ともなってしまった。アンチ毛皮のフェミニストたちによると、毛皮を身にまとうことは、高価な毛皮を「買ってもらえる」女性と、「買ってもらえない」女性とに分断する行為とされる。

貧富の差で女性を分断する商業主義に従うのは良くない。この主張に大いに賛同したのが動物愛護派だ。フェミニストたちから援護射撃を受け、強いメッセージをこめたアンチ毛皮キャンペーンがつくりだされていった。その先駆けがリンクス（LYNX）という動物愛護団体のメッセージだ。

一九八六年、リンクスが発表した一枚のポスターが高級毛皮メーカーに衝撃を与える。ハイヒールを履いた女性が片手で毛皮を引きずっている。その毛皮からは血が滴り、毛皮を引きずった床にはブラシで描いたように血痕が広がっている。キャッチコピーも衝撃的だった。「一枚の毛皮のコートを作るのに四〇匹もの寡黙な動物たちが殺されています。たった一人がそれを身にまとうために。」

このキャンペーンは大成功し、毛皮産業を衰退に追い込み消費者パワーの力も見せつけた。そして後にインターネット時代へと繋がる「消費者が主導する不買キャンペーン」の原型の一つとなってゆく。

また、このキャンペーンは二一世紀にも通じる新しい倫理をあらわにした。動物たちが毛皮だけのために殺されることを奨励するような、消費者としての「見識のなさ」は恥じるべきものだという倫理観だ。女性たちは毛皮を買うことを止め、クローゼットの奥深くに毛皮を隠してしまった。あるいは古着屋に売り払った。

だが毛皮が売れなくなって一番困ったのは毛皮産業ではなく、動物を捕獲して生活しているエスキモーやネイティブ・アメリカンたちだった。彼らの生活の糧が奪われてしまったのだ。そこで妥協が成立した。動物を罠にかけ、苦しませて殺すのは残酷だ。だから苦しみが少ない手法で捕獲し、やさしく屠畜する。食用の牛を麻酔銃で眠らせたまま処理するのと似た考え方だ。妥協と譲歩の産物のようにみえるが、実際のところ、人間は現実社会と折り合っていく道を選んだのだ。

動物の殺害を拒否する人々

動物愛護家たちの言い分をつきつめていけば、結局菜食主義どころか生きようとする人間の本能を否定せざるを得ない。動物を食べて生きるよりは命を絶つことのほうを選ばざるを得ないだろう。人間存在の矛盾に悩んで自殺を選んだ哲学者たちのように、あるいはインドのジャイナ教の聖者のように。

ジャイナ教の聖者は単に菜食であるにとどまらない。人間の存在自体を悪とみなす。あたかも生けるものの命を絶って我が命を長らえること自体が罪だと静かに会得するようなものだ。その矛盾を自ら解決するためにジャイナ教の聖者は死を選ぶ。それも過酷な断食という方策によって。彼は洞窟に身を横たえ、食事や水を絶って徐々に餓死してゆく。

一般のジャイナ教徒はそこまで過激ではないのだが、出家・在家を問わず菜食で、卵すら食べない。虫を殺すからという理由で農業を生業にできない。結局動物や昆虫を殺さずに済む職業として、ホワイトカラー職や商業、銀行ビジネスに携わることが多い。

ジャイナ教の出家者は誤って虫を飲み込んでしまわないように大きなマスクをし、生き物を踏んで殺さないように箒で掃きながら裸足で歩いてゆく。動物の革でできたチャパル（サンダル）などを履いてはならないのだ。食べ物は在家の信者の家を回って恵んでもらったものだけを食し、決して肉や魚には手をださない。日没以降は明け方まで水も飲んではならない。生き物の命を奪って生きる人間の存在は悪そのものだ、という原罪を背負っているような生き方だ。

ジャイナ教徒の例は極端だが、真の動物愛護者であればあらゆる動物性の食物は口にいれないことが望ましい。牛乳もバターも駄目だ。そう考えると彼らの菜食は植物性タンパク質だけを受け入れるヴィーガンとなる。

だがそうはいっても人間には野生の本能があり、時に肉を食べたいという雑念もわいてくる。だから動物の屍を上手に処理して人間生活に役立てるようにしてくれる人々も太古の昔から存在している。ブッダも相手から捧げられれば肉を食べることもあったように、何万年も前から人間が生存のために選び取ってきた肉食という食習慣は抜きがたいものがある。

さらに人間には心理学者たちが言う「性」衝動、あるいは「エロス」として表現される生への希求がある。動物も同じ希求を持っているはずだ。もしかして毛皮に包まれる人は毛皮から生きる動物の生へのエネルギーを与えられるような気がしているのかもしれない。毛皮をまとうシャーマンが霊力を持つとされていたのは、毛皮からもらう生きるエネルギーゆえかもしれない。おそらくシャーマンたちは、そんな動物が持つスピリチュアルなパワーへの畏怖を持たない人々に毛皮を渡すことは嫌がるはずだ。だが毛皮を獲りまくられ、絶滅させられた獣たちも多い。彼らの恨みはいかばかりなことだろうか。

世界を駆けめぐった毛皮ビジネス

美しい哺乳類の毛皮は古くから珍重された。毛皮商人たちにとって特に大きなマーケットは中国とロシア、ヨーロッパ世界だった。中国や欧州の皇帝や王侯貴族は、自らの威厳のために毛皮のついた帽子やガウン、コート、ブーツなどを着用し、毛皮を床に敷いて権威の象徴にもしていた。歴代の中国王朝の支配者たちは最高級のクロテンやラッコに目がなかった。

平安時代の一時期、毛皮の産地として知られる渤海との交流があった頃、日本でも高級毛皮が流行したことがある。帝も貴族たちも渤海から持ち込まれる高級なクロテンに心を奪われ、激しい争奪戦を演じた。クロテンの毛皮を着ることはステイタスの誇示であり、トレンディーさの誇示でもあった。暑い夏の盛りに、そのファッショナブルさを見せつけようと手持ちのクロテンの毛皮八枚を重ね着して、渤海からの使者の前に現れた皇子もいたくらいだ。

朝廷が毛皮争奪戦で大混乱し、その結果、ついには身分によって身に着けられる毛皮を決定するお触れを出さなければならないありさまだった。だが幸か不幸かその毛皮狂騒曲は、渤海が滅ぼされ、クロテンの毛皮がもはや日本では手に入らなくなったことで終焉を迎える。

しかし日本の外では依然として高級毛皮の争奪戦が演じられていた。最上級のラッコの毛皮を求め、ヨーロッパ人は東奔西走し、ついにベーリング海峡近辺までやってきた。そこでラッコを細々と捕っていたアイヌに目をつけ取引しようとした。日本に欧米人たちがやって来て開国を迫った理由の一つが、日本の近海や北海道で捕れる毛皮目当てだったと言われているくらいだ。

この毛皮ビジネス全体にもっとも精通していたのはロシア人だった。毛皮を捕るためにシベリアの植民地化を進め、広大なシベリアの森をコサックを使って毛皮を捕りまくった。ブルーフォックス、オオヤマネコ、リス、ラッコなどは美しい毛並みで珍重されたので、またたくまに捕りつくされてしまった。ヨーロッパ人は五世紀から一六世紀にかけて毛皮ビジネスで稼ぎまくり、輸出産業に育てあげ巨万の富を得た。

毛皮を求めてヨーロッパ人はさらに南北アメリカ大陸まで手を延ばしてゆく。北米は広大な森林に囲まれ、野生動物の宝庫だった。一七世紀から一九世紀半ばまで、ヨーロッパ人たちはバイソンやキツネ、ビーバー狩りに血道をあげ、動物たちを絶滅の危機に陥れる。

成功した毛皮商人の中からは富豪も出現した。若くして米国にやってきた英国生まれのジョン・アスターもその一人だ。毛皮ビジネスで大儲けし、アメリカ人となって一代でアスター財閥を築いた。

だがそんな無節操な乱獲が許されなくなるのが二〇世紀後半だ。希少動物の捕獲は国際条約で禁じられ、それらの動物の毛皮の取引も制限されてゆく。二一世紀のファッション倫理は乱獲者にはもっと手厳しい。国際機関は、商品入手の経路だけでなく製造のプロセス自体を厳しくチェックする。それらを要求するのが他ならぬ消費者たちだ。消費者が要求する倫理性に合致したものだけが、市場で高値で取引される時代がすでに訪れているのだ。

第三節　ファッション倫理としてのフェアネスとブランディング

「フェアトレード」の認証は「倫理性」を掲げたブランディング

いかに高価であれ、倫理性に欠けていると見なされるものであれば負の価値がつけられ、ブランドとして成り立たない。これが二一世紀だ。労働者や環境を搾取してできたものであることが分かれば消費者は直ちに敏感に反応し、不買運動を起こす。二〇一〇年の春、バングラデシュの縫製工場で火災が起き、働いていた女性たち五〇名が犠牲になった時も大規模な不買運動がおきた。その時はじめて消費者が知ることになったのが、トイレにさえ自由にいけない劣悪な環境下で働かされていた女工たちの生活だ。出入口には外から鍵をかけられ、働きづめにさせられていた女工たちは火事で悲惨な死をとげた。外から鍵をかけられていたために、火の手が回ってもほとんどが逃げられずに焼死したのだ。そんな現地業者に業務を委託することは倫理上二度とできなくなった。

それだけでは済まなかった。劣悪な環境でつくられた商品のボイコットが始まり、生産にかかわったすべての企業、業者が消費者たちに断罪された。その運動のイニシアチブを取ったのがフェアトレードを推進するＮＧＯだ。不当な利益を企業や業者に与えず、倫理性を商品に強く求めるのがフェアトレードだ。

フェアトレードの運動は一九世紀に一部のキリスト教宣教師たちによって始まった。奴隷の安い労働力を搾取して作られたモノや、貧しい農民たちがつくった茶をダンピングすることは倫理的に許されない。そんな業者からは物を買わない、むしろ労働者を搾取しない環境を自分たちでつくってその商品を買ってもらうほうが理にかなっている。フェアトレードの運動は次第に賛同者を増やし、二〇世紀には消費者運動と連動して新たな商業倫理を形作っていった。貧しい人々がつくった手工業品を彼らが生活を維持できるよう適正な価格で買い上げる。農薬を使わない優良な農産物をつくる生産者を守るために農園を保護し、適正な価格で買い上げ消費者に提供する。そのために一定のスタンダードをつくり上げ、それを認証として生産者に与え、付加価値をつける。これが次第にフェアトレード商品のブランド化を引き起こしてゆく。一九八〇年代にフェアトレード協会が設立され、一定の倫理的で安全な基準を満たした製品であることを示す「ラベル」によるフェアトレード認証が始まった。消費者も生産者も守る倫理的に正しい商品だということが、二一世紀のブランディングには不可欠な要素となったのだ。

皮革や毛皮を使った高額商品の場合、フェアトレードによって守られるのは労働者の権利だけではない。素材となるために殺される動物への十分な配慮も要求される。高級ブランドメーカーは消費者からの批判を受けないために積極的な介入を行わなければならない。残虐だなどと批判されたら高級ブランドにとって取り返しがつかないのだ。クロコダイルの「バーキン」をめぐる女優ジェーン・バーキンとエルメスとの間のいざこざがその実例を示している。

クロコダイルをめぐるバーキンとエルメスの闘争

エルメスは高級皮革製品で売ってきたブランドで、一九世紀初頭にドイツに生まれたティエリ・エルメスが創業した。彼がパリに開店した馬具店エルメスが始まりだ。馬具の質の良さとティエリの社交術で店はまたたくまに評判となり、王侯貴族をはじめとする上流階級の御用達となった。この成功を背景にティエリは革製のブーツ、バッグや小物類の制作にも進出してゆく。二〇世紀には革製品だけでなく衣類やアクセサリー、小物も扱うトータルなファッション産業へと発展していった。

そんなエルメスがハンドバッグ部門に進出した折、制作したのがモナコ王室のグレース・ケリーが持ったことで有名になった「ケリー・バッグ」だ。従来のパーティバッグよりもサイズが少し大きく、物もたくさん入るので女性のニーズを摑んで大成功を収めた。

だがそれ以上に成功したのは「バーキン」と呼ばれる、ケリー・バッグよりさらに大型のハンドバッグのシリーズだ。作られたのは一九七〇年代で、ネーミングはイギリス出身の女優で歌手のジェーン・バーキンに由来している。エルメスの当時のCEOだったジャン・L・デュマは、たまたま飛行機でバーキンの隣に乗り合わせた。話をしている間にバーキンから新しいバッグ制作への要望を受ける。バーキンは物をたくさん持ち歩くのだが、それらを収納できる大ぶりの革のバッグがない。仕方なくバーキンは籐のバスケットを持ち歩いていた。当時エルメスが販売していた一番大きなバッグはケリー・バッグだが、これさえバーキンには小さすぎた。

要望に応えてつくったのがバーキンだった。それまでの女性用バッグへの業界の思い込みを打ち破った、画期的な大型サイズでポケットもたくさんついていた。富裕層の女性でも仕事を持つ時代であり、多数の持ち物を抱えて移動してゆく活動的な女性たちのニーズをとらえていた。「バーキン」は、たちまちエルメスのトップ商品になる。だが、ここで大きな問題が発生した。

自らの名前を冠したバッグ「バーキン」を持つジェーン・バーキン(The Guardian)

「バーキン」には牛革、子牛革だけでなくクロコダイルの皮でつくられているものもある。数百万円台から数千万円の価格帯があるバーキンの中でも最も高価なものだ。だが皮革をとるためにクロコダイルたちが残酷な殺され方をしていると動物愛護団体のPETAから聞かされ、バーキンは激怒する。そんな残酷な殺され方をしたクロコダイルの革を使ったものに自分の名を冠することは、断じて許せない。バーキンはエルメスに強く抗議し、自分の名前を使うことを差し止めようとした。驚いたエルメス側は、批判をかわすためPETAがリストアップした「クロコダイルに残酷な殺し方」をする原皮の調達業者との取引を止めると宣言した。

バッグのイメージが傷つかないようにエルメスは速やかに動き、適切な処置をしたのだ。その後、他の提携業者に対してもエルメスはクロコダイルを最高水準の倫理規範に基づいて丁寧に取り扱うように求め、それを確かめるために調査員を定期的に送り込むことを宣言した。これでようやくバーキンは矛を収めたが、一連の騒動は「バーキン」バッグをすっかり有名にするという思わぬ効果ももたらした。

「ぜいたく品」の指標とは何か

何をぜいたくと感じるかは人によって様々だ。だが、「何がぜいたく品」と見なされるかはひとりだけでなく、その時代の多くの人々によって決められる。その時代の「倫理」や社会通念をある程度反映しているからだ。ぜいたくな毛皮は一九世紀には富裕階級の豊かさを表現し、何ら倫理的に批判されるモノではなかった。だが、二〇世紀後半にはそれは受け入れられなくなった。さらに二一世紀には動物の取り扱いだけでなく途上国の工場運営や労働環境についても厳しくチェックされるようになった。このため、欧米の有名ブランドは契約している途上国の工場に毎年調査員を派遣し、労働環境をチェックすることを余儀なくされている。皮革製品の場合、労働環境や待遇だけでなく、工場では禁止されている薬剤を使っていないかもチェックされる。例えば革を漂白するホルマリンは日本の皮革工場ではいまだに使われていることがある。だがEUや米国の工場では使用を全面的に禁止しており、ホルマリンを使った革製品は販売することができない。

クロムが溶液として直接人体に触れるのは危険なので、洗浄用ドラムを使い終わってから徹底的に洗浄しなければならない。途上国では今でも危険な液体が流れる床で裸足で作業をしていることがある。それを誰かが撮影し、インターネットにアップロードしようものならば瞬時に騒ぎになる。「この工場から革を買っているのはどのメーカーだ！」と、サーチが始まる。数時間でそのメーカーは特定され、世界的な不買運動の対象になってしまう。一度そんな悪評がつけば、企業にとっては取り返しがつかないことにもなりかねない。

ぜいたく品とはその時代の倫理に照らし合わせて正しいモノでなければならないのだ。モノは所有者のアイデンティティの一部でもある。「ぜいたく品」であればあるほど、モノと人との関係性が詮索されてゆく。

ぜいたくな品は人とモノとの対話に支えられる

高級ブランドのCEOやアートディレクターたちは、時に「何がぜいたく品か」を規定する必要に迫られる。ブランドの立ち位置を明確にすることがもとめられるのだ。九〇年代にエルメスのCEOだったピエール・デュマはこの問いに自らの経験を織り交ぜながら答えている。

家業を一九九一年に継いだデュマは高級ブランドの家系に生まれた人間としてはちょっと変わった経歴をもっていた。七〇年代から八〇年代にかけて、ヒッピーとして世界を遍歴していたのだ。Tシャツとジーンズ、バックパックのいでたちで、砂漠の民や森の民を訪ね歩き対話を続けていた。後年、エルメスは彼らがつくった物を買い上げて生活を支えるルートを作ったが、それはデュマのこの体験に基づいている。当時から既にデュマはぜいたく品のブランディングには倫理性が不可欠であることを見抜いていた。モノに宿るストーリー、スピリットが重要だということも知っていた。

ＣＥＯになる以前、祖父のロベール・デュマはデュマをエルメスの傘下にあるラッティ社の工場に送り込んだ。一九世紀から服地を作っている歴史ある工場だ。デュマは生地の織り方、染め方、パターンのデザインなどを基礎から学んだ。家業の中で培った高級な革製の「馬具」や「鞍」などに囲まれて育った経験も役立った。ＣＥＯとなったデュマはそこで新しい「ぜいたくさ」を定義しようとする。本当にぜいたくなものとは何だろうか。それはモノに宿る歴史、ストーリーを大切にすることから始まるはずだ。

「ぜいたく品と呼ばれ高額で売られていても、三週間で駄目になるモノも一〇〇年持つモノもあります。質の高いモノをつくるということは、まず、何が「質」であり、それをどうやって達成するかを自分自身が定義してゆくことから始まります。そしてぜいたくさとは何かを突き詰めて考えることは、過去を知り、現在に生き、未来を見据えるということでもあります。」

「ぜいたく品とは生地の縫い目がしっかりしているとか高級な革を使っているといったことではありません。仕上がった品に触れる時、その触り心地が違うのにその人が気づけるか、モノをつくった職人技に気づけるかどうかということです。製品が自分自身を表象するモノたりえるか、モノができあがりつつあるとき、それをつくっている職人の手が、モノが語っていることを聞き取れるかどうかです。」

モノに宿る様々なストーリーを感じとることは、別の言い方をするとモノをつくっている人、それを所有する人、そしてモノ自体という三者の関係を意識し、その中に生きることでもあると彼は考えている。「ぜいたく品」であり続けるモノは「所有する人」の主体的なかかわり方を必要とするのだ。

均質的でグローバルな量産体制の整備によって、私たち庶民もそのような「ぜいたく品」をある程度享受できる時代を迎えた。一八世紀からの「産業革命」で社会が成しとげた機械化のおかげで量産体制が生まれ、「ぜいたく品」や「ブランド品」のいくつかを手に入れることができるようになった。それ自体は歓迎すべきことのようにも思われる。だが、そのような大量生産の時代は大量に消費される周期の短い流行に支えられている。グローバル資本がつくりだす均質的なブランド品が、どのようにしてつくられているかを仔細にみてゆくことは難しい。目をつぶってもモノとの対話ができるような関係性を重視する世界観と、大量生産された出自があやふやな製品に囲まれた生活とはそもそもそりが合わない。私たちには大量生産によって手にはいりやすくなった高級ブランドを手にする喜びもあるが、量産体制には光と影が同居している。次章ではこの点について、日本の革づくりの伝統を振り返りながら考察したい。

第五章　日本の革はブランディングできるか

江戸時代の革見本帳（姫路市書写の里・美術工芸館蔵，のびしょうじ撮影）

第一節　日本の革づくりと職人性

見直される日本の「白なめし」技術

二〇一七年の秋、筆者はのびしょうじさんや、兵庫県たつの市でなめし工場を経営する若い経営者たちと共に渡英していた。若手の経営者たちとは松岡哲矢さん、吉田建男さん、石本晋也さんで、彼らが住んでいるたつの市は、皮革産地としても知られる。江戸時代以前から名高い姫路市に近く、今や姫路を抜いて全国一の牛革の産地だ。

我々一行はロンドンのレザーセラーズ・カンパニーの会館で開催される「日本の白革の謎」と題されたテーマのセミナーに参加することになっていた。白革(白なめし)とは日本に残る油なめしの一種で、古代からの皮なめし手法のひとつだ。欧米からタンニンなめしの技術が伝わる明治時代まで、日本のすべての革は油なめしでつくられていた。

油なめしは植物の渋(タンニン)でなめすタンニンなめしや、自然界にあるクロムという物質を化学処理してなめすクロムなめしに比べ、格段に時間も労力もかかる。大きくて頑丈な革をつくるのには向いていないとされ、欧米ではすっかり廃れてしまっていた。せいぜい手袋などの小物に使われる程度で、柔らかい肌触りになるが強靭ではない。しかし、明治時代に英国へ輸出された姫路の白革は彼らの油なめし革の常識を覆した。古代的な油なめし製法でつくられているものの、驚くほど強靭でしなやかだ。おまけに美しく、漂白していないのに輝くような白さだった。

白革はプラスチックがなかった当時、工業用のロープや工場のベルトなどにも重宝される革だった。塩化ビニールの登場によって白革の用途はなくなり、白革は輸出舞台から消えていったものの、輸出された当時はセンセーショナルなほど海外の皮革業界を驚かせたものだ。

だが、そもそも日本の油なめしは何故二〇世紀まで生き残ったのだろうか。そして、そのなめし技法は外国のものとどう違うのだろうか。そんな疑問が英国の皮革専門家の間からよせられていた。

日本の油なめしの技法は、古代中央アジアから朝鮮半島を経由して伝えられたとされる。伝えられた手法は動物の脳の脂肪を油として活用した脳漿《のうしょう》なめしというものだったという。脳漿なめしは中央アジアや北米の原住民たちによる油なめしの手法と基本的には繋がっている。古代に伝習されたその油なめしの技術を独特な形へと昇華したのが、日本の白なめしだ。

しかしこの白なめしは明治時代に欧米から導入されたタンニンなめしやクロムなめしに取って代わられた。近代化に伴い、軍靴をつくる強靭な革が必要となり、白なめしの革では対応できなくなったからだ。そして日用品に供する革も、早く、安く、大量に生産することが求められた結果、戦後はクロムなめしが主流となってゆく。

それでも中小なめし工場によって生産された白なめしの革は、戦後しばらくは生き残った。日常品やスポーツ用品を生産する中小なめし工場は、容易に新しい技術を取り入れたがらなかったからだ。それも一九六〇年代を境として急速に消えてゆく。中小なめし工場にもクロムなめしが普及していったからだ。

しかし二一世紀にはいり、日本の白なめしや脳漿なめしは欧州の専門家たちの間で見直されてゆく。環境にやさしく作り手にもやさしいからだ。この手法をなんとか大規模に機械化して量産できないものだろうか。欧米の皮革研究者たちの中にはそう考える人も出てきた。

「なめし」とは何のことか

セミナーでまず演壇に立ったのはノーザンプトン大学皮革研究所のコヴィントン教授だ。化学博士号を持つ教授は、なめし技術について科学的なアプローチを試みる。「ジャパニーズ・

ホワイトレザー」について過去の研究例を読み込んでいる教授は、こんなふうに初心者向けに説明を始めた。

「もともと「原皮」とは、動物の身体から剝いだままの状態の皮ですから毛や肉片などがこびりついたままになっています。下処理ではこれを取り除きます。運搬に便利なようにこの原皮の状態をコチコチに乾かしたり塩づけしたりして運ばれてくるものが多いです。これをある程度きれいにしてから、次の段階では柔らかくしつつ、腐らないように加工して半永久的な使用に耐える革という素材に変貌させます。これが皮を「なめす」ということです。」

「皮は腐らないようにすぐさま加工しなければなりません。そのステップが何工程もあり、とても大変な作業です。まず皮を柔らかくすることが必要です。油なめしで原皮を柔らかくするには生体に含まれている酵素を使います。あらゆる原皮にはそもそも酵素が含まれているのでそれを活性化させればいいのです。酵素は人肌より少し高い温度になると効果を発揮します。その状態をしばらく続けると入り組んでカチカチになっていた繊維がほぐれ、皮が柔らかくなってきます。」

言ってみれば自然という「あちら側」にいる原皮を加工して「こちら側」、つまり人間の営む文化に取り込むのだ。大抵の場合、私たちは靴や財布に加工された製品しか見たことがない。

革になった素材を加工する作業を見たことのある人も多いだろう。だがその作業をする前に皮を革に変貌させるのは化学を利用した高度な技術だ。

なめしの道具がなかった頃、人類は原皮を嚙んで唾液にある酵素を利用して固い原皮をなめしていた。嚙んでなめすのは時間がかかるのでほんの少しの革しかできない。犬の尿や鳩の糞を集めて酵素として使うこともあった。集めてペースト状にして原皮を漬け込んだ。英国では長らく新米のなめし人は犬の糞を集める作業をさせられていた。今でも鳩の糞をタンニンなめしに使う地域もあり、筆者もモロッコで目にしたことがある。

ミョウバンに浸け込んでその漂白効果を利用して柔らかく白くすることもできる。ミョウバンでなめした羊の革は美しいのでブックカバーや羊皮紙に使われた。だがこの革は弱い。しばらくするとボロボロになる。結局ミョウバンなめしは西洋では廃れてしまった。姫路の白革の輝く白さはひょっとしてミョウバンを使ったものではないか——そう疑われることもあったのだが、この白革はしなやかで強靭で長持ちする。

なめしの概念は文化によって異なる

皮をなめすために人々は多くの資材と労力を使ってきたのだが、そもそも「なめす」という事象にさえ文化的な違いが表れてくる。コヴィントン教授は西欧社会と日本との間にある「なめし」の解釈の違いについての議論を紹介した。

西欧では長らく渋の強い柏や桑、松などの樹の皮を砕いてタンニンを取り、なめし剤の溶液をつくってきた。これが英語のタニング（皮をなめす）の語源だ。後にクロムなめしが出現し、クロム溶液でなめしを行うことになってもこの語は引き継がれてゆく。クロムでなめす行為もタニングと呼ばれ、クロームタニングと呼ばれている。

それに対し、菜種油やラッコの油、馬や鹿の脳の油などでなめす油なめしは弱いなめし（半なめし）とされ、英語ではレザリング（革をつくること）といって区別してきた。靴の革底や剣の鞘、ベルト、家具などの強固で長期間の使用に耐える革はこれではつくれないと考えられてきたのだ。用いるなめし剤や技術のカテゴリーによって職種も英語では区別する。皮なめし人はタンニンを扱う人だからタナー、ミョウバンで白くなめす人はホワイタヤーで、油なめし人は油入れをしながら引っ張ったり踏み込んだりと、圧を加えながらなめしていくのでトイヤーと呼ばれる（引っ張ったり踏み込んだりする行為をトイングという）。何度も油入れをしたりブラッシングをしたりして革を仕上げる職人はカリエという。カリーという動詞はブラシで牛馬の身体を手入れする行為だ。

白なめしの秘密

英国ではなめしの仕方や加工技術で職種を区別し、各々ギルドを形成していた。この区分に従うと、日本の油なめし人はトイヤーとなり、なめし人(タナー)ではない。ところが日本のなめし人たちはトイングをしながらタニングをしていた。だがミョウバンなめしで白い革をつくるホワイタヤーたちより、はるかに白く強靭な革をつくる。最後に革を仕上げるカリエの仕事すらも工程に含んでいる。

日本のなめし人たちは皮を弱くする過程も徹底して避けた。原皮から毛を抜く下作業を終えた後、西洋では毛抜きを楽にするために強い石灰液に漬け込んで毛穴を広げる。だが石灰は強いアルカリなので、今度はアルカリを中和する脱灰作業をしなければならない。この二つの過程を経ると皮は弱くなってしまう。日本の皮なめし人はそれをしなかった。

毛を抜きやすくするために、まず川の水に長時間さらす。姫路を流れる市川や龍野を流れる揖保《いぼ》川には特殊なバクテリアが住んでいて、タンパク質を分解し、毛抜きを楽にしてくれる。川の水にさらした原皮を、今度は米ぬかを発酵させ、人肌よりやや高く設定した液体にしばらく浸して酵素を活性化させる。さらに抜きやすくするには暑くて湿っている部屋に寝かせて毛を腐らせる場合もある。表面の毛をこそげ取った後はひたすら原皮に油を塗り込みながら、足や手で踏み込んだりひっぱったりを繰り返す。この工程全体をなめしと呼んでいた。

その工程の間に適宜塩を入れ込み、踏み込みを一定時間繰り返してから天日に干すのは殺菌のためだ。取り込んで重石をして寝かせる。それを引き出してまた踏み込みを繰り返す。ひたすらこれを繰り返す。人の手足で踏み込むことで摩擦を繰り返し表面の皮の温度を上げ、皮の中にある酵素を活性化させる。人肌から伝わる熱に摩擦熱を加えることで皮は四〇度近くの温度に引き上げられる。その温度で皮は柔らかくなり油も吸収されやすくなる。これが長時間続くと恒久的な革になる。

繰り返し足で踏んだり棒でたたいたりする摩擦で徐々に高い温度にしていくと、原皮のコラーゲン組織が次第にばらばらになっていき、元にもどりにくくなる。ここまで温度をすみやかに上げるのにもっとも適した油が菜種油だ。この油をつけてから踏み込むと、温度を上げやすい。塗り込んでいくと油で原皮がますますなめらかになる。踏み込みながら英語でいう「カリエ」の仕事をこなしてしまうわけだ。

踏み込みに要する膨大な労働力

雪のように白い革は漂白しなくとも自然にできる。叩いたり踏んだりしてから最後に大きな金属のヘラのような道具を使い、その上でしごくように引っ張って摩擦を加えていく。すると目に見えない微細な瑕が表面につき、それが日の光を浴びて反射すると雪のように白く輝く。細かい瑕は表面仕上げの効果を生む。摩擦を加えながらひっぱったりしごいたりすることで強度も増してゆく。それが「ジャパニーズ・ホワイトレザー」の白さと強さの秘密だ。踏み込みながら塗り込んだ油は内部によく浸透し、手ざわりが繊細で滑らかな革になる。

腐敗を防ぐために短時間で処理してゆく西洋式のなめし手法に対し、時間をかけたなめしを行おうとすると、投入する時間と人力は膨大だ。柔らかくするためには何百時間もの踏み込みが必要だが、分業体制も機能していた。「皮田部落」では踏み込みは女性たちの仕事だった。日々の生活を表現した労働歌を歌いながら踏み込みのステップを合わせてゆく。踏み込みが終わってから強くひっぱったりしごいたりするストレッチングの作業は男性の仕事だった。

消滅していった日本の脳漿なめし

このような姫路の白なめしの変形が、脳漿なめしだ。歴史的にはこちらの方が古い。これも油なめしの範疇だが、脳漿なめしに使われるのは菜種油ではなく牛や馬などの脳髄だ。三年ほど寝かせて酵素の働きを強くし、ペーストにして水で薄めて溶液にする。このなめし剤に皮を少し漬け込み、一〇分程で引き出してから手足を使って踏み込んだりひっぱったりしてなめしを完成させてゆく。腐らせたペーストなのだから酵素は強いが臭いも強烈だ。五〇メートル先からでも臭うほどだった。現代人の鼻は臭気に敏感になっているので職人も周囲もついに耐えられなくなり、一九七〇年代を最後に日本の脳漿なめしは終焉していった。

ネイティブ・アメリカンの「ふすべ技法」

だが脳漿なめしは日本だけに残っていたわけではない。ネイティブ・アメリカンや北欧のサミなどのマイノリティ集団でも行われていた。しかし、彼らのつくる脳漿なめしの革は自家用や観光客の土産物として販売する程度で、仕上げも雑だ。

そんなネイティブ・アメリカンの血をひく女性や、趣味で皮をなめしているアメリカ人男性の様子がユーチューブにアップロードされていた。セミナーでは落ち着いて通訳もしていられないので、先取りのために同行するのびしょうじさんにその映像を日本で見てもらった。依頼してから数時間でコメントのメールが届いた。

「ほんとにためになりましたよ。今回のセミナーで一番得をしたのは僕に違いないという気分です」と、うきうきしている。だが映像でみた処理の荒っぽさ、大雑把さにはすっかり度肝を抜かれていた。「あんなもんでいいもんでしょうかねえ」と、呆れている。ユーチューブの映像では新鮮な豚の脳をミキサーに入れて卵をどんどん割り入れ、攪拌してすぐさま原皮に塗る。「できるだけ手早く塗るように」との指示まで飛ぶ。早くしないと腐るからだという。映像では豚の脳のペーストを手早く刷毛で皮に塗っていた。溶液自体を日本のように腐るまで寝かせたりすることは考えないらしい。

別のビデオではネイティブ・アメリカンらしい女性が脳漿なめしの仕上げをしている。なめし液を塗った皮を木につるして端を縛り、手あたり次第にあちこちを「適当に」ひっぱって伸ばしている。皮を燻《いぶ》して仕上げる段階ではテント風に革を張り、その中で「適当に」火を炊く。煙をテントの中に充満させ、燻し工程(ふすべ)を終えるのだ。テントの上部を開けて煙突のようにして煙を逃す様子に、素人の私ですら「雑だなあ」と感じてしまう。

日本の「ふすべ技法」

日本の伝統的な技法ではストレッチングをするための職人の足の使い方に無駄がない。白なめしの達人のビデオを見ると、均等に皮全体に行き渡るように、それでいて長時間疲れにくいように労力を配分しているらしい。達人の足は軽やかであまり力を入れているように見えない。

ふすべの技法も日本では手が込んでいる。どんな煙で燻してもよいわけではなく、色を完璧に均質化するために野外では決してふすべない。必ず屋内で太鼓型の筒に鹿皮をはりつけ、その下で藁を燃やして煙を出しながら筒を回して煙で色をつけてゆく。藁が完全に燃えると煙が出ないのでつねに不完全燃焼の状態を続けなければならない。職人は煙を吸い込むので野外より健康にはよくない。それでも、煙が万遍なくいきわたり、思うような濃さの色に仕上がるまで数時間かけながら完璧をめざして作業を行い続ける。

弓道に使うゆがけとよばれる手袋を奈良産業の工場でみせてもらったことがある。熟練の職人のふすべの色は完璧で、修行中の職人の色とは断然違いがある。

脳漿なめしをクロムなめしに切り替えた奈良印伝や甲州印伝だが、ふすべ工程だけは残している。藁をふすべて出る煙の色あいを好む顧客がいることと、ふすべでつくられる繊細な模様や煙による深い色あいを残したいためだ。ふすべることによって革が長もちし、防水効果も得られる。色合いは江戸時代からそのままだ。奈良印伝や甲州印伝の職人さんたちにあのテント方式のふすべ技法を見せたらきっと肝をつぶすに違いない。

ジャパン・ブランドに憧れる人々

コヴィントン教授の話が終わったところで小休止がはいり、サンドイッチや飲み物が振る舞われた。この間を利用して参加者たちは展示品を見て回っている。筆者が日本から持ち込んだのは火消しのハッピや両替商が使った厚く強固な牛革袋、甲府の印傳屋上原勇七が作っている鹿革の巾着袋などだ。一八世紀につくられた火消しのハッピは脳漿なめしでなめされ、革の風合いが年輪とともによく馴染んでいてシックだ。このまま街着として表参道でも通用する。一方英国人の収集家の持ち込んだものは大量だった。鎧や兜、刀の鍔《つば》などが並ぶ。刀の鍔にはエイの皮が使われており、鱗が美しく浮きあがっている。鎧や兜にも固くて小さな板目皮が組み込まれている。美術館や博物館ならともかく一介の海外の研究者がこれほど収集していることも驚きだが、「持ってきたのはごく一部です」というから驚きだ。

たつの市の参加者たちにとってもこんな日本製の革の古物を手にとるのは初めてだ。江戸時代の武具や日常品を海外の人々が賞賛し、私財を投じて収集しているのを見て戸惑ってさえいる様子だ。

日本の革をブランド化できるか

日本では顧みられないものが驚くほど評価されるのを見て、たつの市からの参加者たちはその評価をどう受け取ってよいか、考えあぐねている風だ。だが、この関心の高さは私たちがその場でつくりだしたものではない。何百年もかけて先人がつくりあげてきた文化伝統からくるものだ。これを「ジャパニーズ・レザー」のブランド化に活用できないものだろうか。

今日のイタリア皮革のブランド力は、歴史や文化の積み重ねを効果的に活用しているところから生まれている。彼らの皮革づくりの歴史をストーリー化し伝播し続けている点など、学ぶところは多い。ファッションショーや展示会ごとに彼らはストーリーを様々に打ち出し、「新しい革」の宣伝に活用する。SNSでも様々なプラットフォームで発信し続ける。イタリア革を買った人々やイタリアを旅行した人々が、革についてのストーリーを発信するので相乗効果がある。製品の質はもちろんだが、こうした地道な宣伝活動は数十年にわたり様々な団体や個人、皮革業者たちによって続けられ、顧客と双方向のコミュニケーションを生み続け、イタリア革のブランド力を支えてきた。

会場ではコーヒーカップを片手にレッドウッド教授がたつの市のタナーたちに近づき話しかけている。たつのを訪れたことがあり、そのまちの文化資産に注目しているひとりだ。日本の革づくりの伝統を今に受け継ぐ「まち」が存在し優れた革を作っている。そんな「歴史」を活用すべきだと早くから主張してきた。ブランドという信用力を支える皮革のクオリティを守りつつ、それを支える歴史や文化をストーリーとしてブランド力にするのだ。

だが採算に合わない昔のやり方を踏襲する必要はない。時代にあった機械を入れ、労働力を無駄にしないやり方を選ぶべきだ。革づくりがその地で継承され、職人がつくり続けてきたという伝統を生かし、質のよい革製品にキャラクターを加えていけばよい。そうレッドウッド教授は主張する。その土地特有の色あいや、小物と合わせることを可能にする産業ネットワークづくりも大切だ。海外では日本の伝統的な革づくりの手法に関心が寄せられている。それを活用すべきだ。そんなことを教授は常日頃から口にしている。だが日本の皮なめし業界は宣伝活動には消極的だ。皮革製品のデザイナーたちは国際的な賞を受け、海外の皮なめし業者とコラボレーションをしているというのに、日本の皮なめし人たちは内向きだ。ましてや日常的に消費者に語りかけてゆくことなど思いもよらない。

若い皮なめし人のひとり、松岡哲矢さんがやるせなさそうに口をひらく。「こういう晴れがましいところで日本の皮革が賞賛されるのは嬉しいです。でも日本に帰ると現実には僕たちのつくった革は買い叩かれ、安い靴売り場などで売られています。デパートは僕らがつくりたい革ではなくて自分たちが欲しい革を、しかもできるだけ安く仕入れられる革を要求してきます。僕らの革が安い靴だけを求める人たちに買われていくのはつらいです。東京のハイセンスな若い人たちが喜んでくれる革をつくりたい。誇らしく展示できる革製品をつくって世界に売っていきたい。」

彼のやるせなさに、姫路や浅草界隈の「靴まつり」の光景がだぶって見える。少しでも安い靴を求めて家族連れでにぎわう恒例のお祭りセールだ。人々は安さには惹かれるものの、そこで「どうしても欲しい一足」を買いに来るわけではない。松岡さんたちの革づくりの苦労や背負っている歴史と伝統を思うと、それがブランドとして反映されないことが残念でならない。そこを突き破るにはあと一歩の踏み出しが足りない。その一歩とは何だろう。

それはおそらく自分のつくりたい革だけでなく、顧客が実際に欲しい革は何かを問い、それを知ることから始まるはずだ。顧客はデパートでも有名ブランドのメーカーでもなく、現実に購入してくれる消費者たちだ。年齢も性別も収入も異なる人々で、欲しいものは多様性に富んでいる。現実に何かの革製品を欲しいと思っている人も、具体的なイメージを持たない人もいる。

日本の革を消費者に認めてもらう第一歩は、消費者と直接繋がるチャネルをつくることだ。

彼らの革が欲しい人たちは全国に広がった皮革教室などにやってくる人々だったり「ちょっと違う革」をもとめる若い人たちだろう。伝統的に日本の皮なめし人たちは一般消費者とは隔絶して生きてきたが、それでは自分たちの革のよさを直接伝えられない。デパートやブティックのいいなりになるしかない。だが江戸時代をみると、革の生産者たちは消費者と繋がっていたように思う。

江戸時代のファッションアイテムとなった雪駄

日本は世界にさきがけて国内を平和に保ち、成熟した消費者市場を持ち続けてきた国だ。中世から戦争が続いていた西欧と異なり、日本の一七〜一八世紀は内戦が終了した平和な時代だった。近世日本の消費社会はこのおかげでもたらされたといってよい。おかげで武器は新調する必要がなくなった。そうなると武具を作っていた皮革職人の生活の糧は奪われる。だがその代わり、一般の人々が使う日用品に革が取り入れられてゆくようになる。それが江戸時代だ。革足袋や煙草入れ、文書箱、巾着など様々な工芸品が江戸時代の庶民の生活を豊かにし、都会での流行が生まれ地方にも伝播していった。

特に息の長いファッションとなったのが雪駄だ。雪駄とは、竹皮でできた草履の底部に革を貼った履物だ。竹皮だけでできていた草履とは異なり雪駄は耐久性があった。その分、安くはなかったが、便利でしゃれている。耐久性と防水効果を備えた履物として人々の必需品になっていった。履きつぶさないよう、時折修理して履き続ける。一方、おしゃれな人々は何足も買い揃えていた。江戸時代を通じて雪駄は時々の流行を映し出すファッションアイテムのひとつとなった。盆暮れには需要が何倍にも膨れ上がる。上方ではワンシーズンに一〇〇万足を超える売上もあった。そんな雪駄の修理にかかわっていたのが皮田の人々だった。

江戸時代の流行話を聞いている参加者たちは、ますます日本の皮革に興味を掻き立てられてゆく。だが、セミナーを終え、その日の話題を振り返りながら私はある思いにとらわれてもいた。西欧と日本の産業文化の違いともいえるものだ。機械化へと向かっていった西欧社会は労力を必要以上に使わずに製品をつくる一方で、日本は労力の質を高めてそれをふんだんに使って製品の完成度をあげてきた。

新たな産業変革へ対応を迫られる日本の皮革産業

品質の高さと美しさで知られていたとはいえ、近世日本の革は、労働力をあたかも湯水のように使用してつくられていたものだ。徳川時代の身分制度は皮田の職人たちを、他の職種へ就くことを許さない強制力によって皮革産業に縛り付けていた。何世代にもわたり離脱ができない卑賤身分に置くことによって、きわめて安く労働力を調達できるシステムをつくりあげていたのだ。

江戸末期に英国からやってきた初代駐日公使のオールコックは、日本の美術工芸品のレベルの高さに驚嘆する。余暇を利用して美術品を収集する中で、彼は日本と西洋の産業のあり方の違いに気づき、それを記述してゆく。「日本のあらゆる産業技術は蒸気力や機械の助けがなくとも達しうる最高度のレベルでの完成度をみせている。」そう彼は絶賛する一方、その完成度は安価な労働力と原料に由来していると指摘した。その指摘は現代の日本にもある程度当てはまるのではないだろうか。旧式の機械を使うことは新式の機械を使うより労力が何倍もかかることがある。仕上げへの効果がほとんど変わらないのであれば、貴重な労働力を極力無駄にしないようにしなければならない。

今日の産業界は、一八世紀から続いてきた大量生産と資源の大量消費に基づく産業体制を変更しつつある。限りある資源を維持し生活環境を守るだけではなく、労働力の搾取もまた戒められる時代がやってくるだろう。

近代産業革命よりもさらに大きな技術革新が二〇世紀の後半から進行しつつある。それは従来の産業システムをゆっくりと破壊しつつ成し遂げられる変革でもある。それゆえ破壊的技術革新などと呼ばれることもあるのだが、大規模な産業体制の変革を迫る流れはグローバルに加速している。日本の皮革産業はこの動きにも対応してゆくことを迫られつつあるのだ。

第二節　皮革産業とサステナビリティ

サステナビリティを掲げるスタール社

二〇一九年の晩秋、筆者はバルセロナ近郊にあるスタール社の研究所を訪ねた。「サステナビリティ（社会の持続可能性）」部門のマイク・コステロ氏に会うためだ。スタール社は、自動車産業、ファッション産業部門などで、革の表面加工の技術を開発し提供する分野で世界をリードしている。サステナビリティを社是とし、皮革の表面加工技術の提供にとどまらず途上国での水質改善システムやリサイクル事業も請け負う。自動車の座席、車体の表面コーティングや様々なパーツの表面加工も請け負う。それだけでなく顧客の求めに応じた新たな素材も開発する。パイナップルやバナナの葉、コルクなどの天然素材を用いた生地や「ヴィーガンレザー」の開発にもかかわっている。世界中にある研究所において、エコで高性能な素材を開発することに余念がない。ファッション界にも彼らの顧客は多く、「エコに配慮したリサイクル可能な製品」を開発し、シーズンごとに要請される新しい生地を提供する。サステナビリティを支援する複合化学企業だ。

スタール社の創設者はユダヤ系の化学技術者だったハリー・スタールだ。一九三三年にマサチューセッツ州で生まれた彼は、当初は化学者としての経験を積み、故郷のピーボディ市で「皮なめし業者のための会社」を創設した。当時マサチューセッツ州は米国の皮革産業の中心地だった。二〇世紀初頭、欧州各地からユダヤ系やトルコ系が移住し、故国で慣れ親しんだ皮革業に携わった。ユダヤ系の移民が経営する工場にトルコ系移民が働き、ともに米国の革づくりに邁進していた。スタールの両親も第一次世界大戦後に欧州の混乱から逃れてきたスファルデム系ユダヤ人だった。

スタール社の成功と発展をもたらしたサステナビリティ

当時のマサチューセッツ州には百余りの皮なめし工場がひしめいていた。当時どの皮なめし工場も皮革保護剤や革の着色剤は自前で作っていた。しかしそれだと均質的な大規模生産には向かない。それに目をつけたスタールは、皮革の保護剤や着色剤を安定的な品質で大量に生産・供給することを思いつく。スタールの販売した均質的な皮革仕上げ剤は質の高い製品づくりを可能にし、やがてピーボディ市だけでなく米国全土の皮なめし業者が使うようになる。戦後は世界中で皮革生産がフル回転しており、まさに皮革業の発展期だった。その波に乗り、スタール社はまたたくまにグローバルな展開を遂げる。

だがそれでスタール社の発展が終わったわけではなかった。すでに二〇世紀末から、同社は石油由来の仕上げ剤や潤滑剤が環境に与える深刻な影響について熟考を重ねていた。早晩その影響が大きな社会問題を引き起こすだろうとの結論に達し、スタール社は環境負荷の少ない水溶性の皮革仕上げ剤や高性能樹脂の開発に取り組むようになる。さらに二一世紀には環境のサステナビリティを保つことが企業に求められてゆくことを見通し、そのサービスをビジネスの根幹とするようになった。

筆者が同社を訪れていたとき、折しもパイナップルやバナナの葉をつかったヴィーガンレザーのハンドバッグやジャケットの試作品が展示されていた。それらは二〇二〇年春のミラノのファッション・ウィークに向けて制作中のものだった。あいにくコロナ禍によって二〇二〇年春のショーは縮小を余儀なくされたものの、展示会自体は予定どおり行われたという。

世界の懸案は「水」

スタール社のラボを見学しながら、「皮革産業で現在最も大きな懸案は何か」と、コステロ氏に尋ねてみた。これまで欧米のNGOなどから皮革産業は環境負荷の大きい産業だと批判されてきたので、おそらくクロムなめしや化学染料の問題を挙げると予測していた。だが、意外にもコステロ氏は皮革産業の喫緊の課題は「水だ」という。如何にして水と資源の節約をするかが二一世紀の大きな課題だというのだ。

確かに地球温暖化の影響もあり、私たちが得られる真水の量は限られてきている。氷河が溶け出して海水になっても真水の量は増えない。真水を供給する河川が汚れ、樹木が伐採されつくすと雨を土に貯めることができない。さらに洪水災害を呼ぶ。

二〇世紀の工業化は、石油や石炭をリサイクルなしで大量消費することを前提としていた。それにより大気汚染がひどくなり、雨水も汚染された。二〇世紀後半に台頭してきた中国では、殊に大規模で急速な工業化が推し進められている。その結果、中国の国土では急速な砂漠化や河川の氾濫《はんらん》が増え、大気の汚染が深刻だ。森林伐採による砂漠化は中国にとどまらず、アフリカや南米大陸でも急速に進んでいる。世界の人口はそれでも増え続けているのだから、人間にとって不可欠な真水は節約しなければならない。

産業が発展するために水は不可欠でもある。どんな工場でも水は大量に必要とされる。大型の化学プラントやコンビナート、発電所でも洗浄で水を使う。食品加工の際にも、調理機器の洗浄にも水が不可欠だ。

特に純度の高い水を要求するのは精密機械工場だ。ナノレベルの精細さで加工される半導体、液晶、太陽光パネルなどには純度の高い水が大量に必要とされ、日本でもよい水をもとめて富士山麓や信州などが工場地として選ばれる。そのため良質の地下水を利用している地元民と工場の争いが深刻になることもある。コカ・コーラなどのグローバルな清涼飲料の企業が工場を建てると必ず地元の反対運動が起こる。地下水を膨大に消費し、時に地元の人々の飲料水が足りなくなるからだ。

水も資源も限られている今、最新技術を利用してどのようにこれらを節約すべきだろうか。当然、資源を効率的にリサイクルすることも重要だ。

クロムなめしにもいくつかの問題が指摘されているが、工場管理が行き届いていれば解決できる問題で軽微なものだと、コステロ氏は言う。

製造インフラさえ変える高級ブランド

「確かにかつてはなめしに使われる六価クロムが問題になったこともありました。しかし今なめしに使われているのは三価クロムです。人体の必須栄養素として穀物、豆、キノコ類にも多く含まれているものです。十分に洗浄すれば問題はありません。ただし、洗浄が不十分だとごく稀に雨などで流れて皮膚に炎症を起こすこともある。だから乳幼児用の靴などにはクロムなめしは使わないことが多くなっています。」

だが、たとえごく稀に起こる事象であっても高級ブランドとしては限りなく可能性をゼロにしたい。クロムなめしより安全で環境に優しいなめし方法はないだろうか。それを開発して欲しいと、スタール社に皮革の高級ブランドが依頼してくる。

依頼する企業にもそれなりの覚悟がいる。現在のクロムなめしの技術を完全に捨てるとなると、製造インフラ全体を大きく変える必要があるからだ。単になめし剤を変更するというような小さな問題ではない。どうやって工場排水を処理するか、使用する水の量を減らし、廃棄物をリサイクルするか。すべて根底からの大変革だ。かなりコストが掛かるだろう。どの程度までコスト増に耐えられるだろうか。作業工程は同じでいいのか。いや、同じではいけない。作業工程も全部変わってくる。こうして限りなく安全に、環境負荷を少なくするために、かつ企業の二一世紀の生き残りをかけて産業システムを大きく変えてゆく。

有名ブランドを守るため、すべての要件をクリアし、あらゆる素材から高級皮革をつくることができる大規模でエコな皮革製造工場。それらはすでに世界の数カ所に存在している。

技術革新を支援する

二一世紀の今、世界中で進行しつつあるのがそんな大規模な「技術変革」だ。産業革命以来の工場システムを破壊しつつ、新たなシステムを生んでゆくための「破壊的技術革新」だ。「新技術」は長い期間をかけて世界の産業システムを変える。革新的な技術の導入は設備を充実させるだけでなく、企業のマネジメントのあり方自体をも変えてゆく。

有名ブランドは消費者動向に最も注意を払っている。万が一安全性にケチがつき、批判でもされたら高級ブランドとしては取り返しがつかない。スタール社が企業に保証するのは有名ブランドが「枕を高くして寝られる」ことだ。世界中のあらゆる厳しい規制をクリアしてみせる自信がある。そしてその先にあるサステナビリティを備えた企業としての第一歩を指し示すのだ。

コステロ氏の肩書は「ディレクター」だ。しかし、普通の会社とは違い、名刺にはサステナビリティとだけ書かれており、所属する部門も部署も書かれていない。コステロ氏によると、サステナビリティはスタール社の社是だから、それをあえて部門化しないのだという。現在「サステナビリティ」に専門的にかかわるスタッフは彼を含めて六名で、皮革の専門家や化学技術研究者が中心だ。コステロ氏も化学者出身で博士号を持つ。水質管理の専門ライセンスを持つ人もいる。

彼らが話すサステナビリティは、決して雲をつかむような話ではない。二一世紀の皮革専門技術者たちは社会の動きと連動し、来るべき社会に向けて大きなデッサンを描いてみせる現代の魔術師なのだ。

第三節　二一世紀の魔術師としての化学者たち

医療知識を持つ皮田の人々

皮革づくりに精を出す人々は伝統的にずっと「魔術師」の役割を担ってきた。

一八世紀あたりまでは、欧州でも皮なめし人は蔑まれ遠ざけられていた。動物の屍を取り扱う特殊な集団とされることが多かった。

だが一方で、皮なめし人たちは医薬のスペシャリストとしても活躍してきた。動物の屍は食用になるだけでなく、肝臓や胆のうなどの器官から薬剤をつくることもできる大事な資源だ。屍を解剖することで解剖学の知識も得られる。彼らの中から外科医や獣医が出てくるのは当然のことでもあった。

日本の皮田集団からは、医師だけでなく馬喰《ばくろう》と呼ばれる牛や馬の取り扱い人になる人々も輩出した。彼らは獣医の心得もあり、動物を疫病から守り、よい動物を見分ける知識を持っていた。皮田集団には、処刑にかかわる人々もいた。斬首は刀を持つことを許された下級武士が行い、死体を片付けるのは皮田の役目だった。それゆえ腑分け（解剖）の経験も豊かで人体組織にも豊富な知識を持っていた。日本で初めて腑分けをしたのは杉田玄白ということになっている。だが、彼は皮田の古老に腑分けをしてもらい、説明を受け、それをオランダの医学書とつきあわせてチェックしただけだ。腑分けはすでに皮田集団では何代にもわたって行われていたのだ。その知識のおかげで彼らは今でいう医師や薬剤師の役割を担っていた。「皮田部落」出身の薬屋の中には大名や将軍家でさえも御用達にしていたところもあるくらいで、民間医療で技能を発揮した人々でもあった。普通の人々はその異能さを畏怖しつつ、彼らの能力を利用もする――。そんなアンビバレントな関係が続いていたのだ。

西欧でも皮なめし人は忌避された。アルザス地方の皮革産地では、一般市民が彼らを悪臭がするからと遠ざけ、「悪臭がするから土曜日と日曜日にはなめしの作業をすべてやめて作業場の窓を閉めるように」とのお達しまで出されていた。

皮なめし人には秘密もつきまとう。皮なめしの技法は複雑で大事な企業秘密だ。差別される上にいろいろな「秘密」があるから、めったに打ち解けて外部の人々と話したりはしない。「あの人たちは特別だから」とよそよそしくされる。

そんな皮なめし人に対する見方が西欧社会で変わってゆくのが一八世紀末だ。西欧の思想界に百科全書派が出現し、それまで秘密とされていた多くの職人の技術が解明され、出版されていった。ヴォルテールやディドロ、ダランベール、ルソーなど当代一流の知識人が協力して書き上げた「百科全書」の出現だ。

百科全書派の哲学者たちは、職人や農夫たちが持っている実用的な知識に強く惹かれていた。本といえば教会で読む聖書以外、一般人には考えられなかった時代に、詳しい図解入りで実利的な知識を与える百科事典が出現したのはまさに革命的だった。衝撃が大きすぎて教会からは目の敵にされ発禁処分を受け、投獄の憂き目にあう書き手もいたが、一度始まった運動は止めようもない。産業界もまたこれらの実用的な知識を必要としていたのだ。万難を排して百科全書を書き上げたディドロやルソー、ヴォルテールたちは、まさに先鋭的なカウンターカルチャーの旗手だった。

百科全書には「皮なめし」の項目もあった。使われる工具や桶、作業の内容や仕事場の様子などが詳細にイラスト付きで説明されている。これで一般の人々も皮なめし人たちが何をしているのかがはっきりと分かる。革づくりには化学的な知識と経験が不可欠な事も明らかだった。こうなると、皮なめし人たちはもはや怪しげな魔術師ではなく、れっきとした化学者、技術者となる。

環境に負担をかけない皮革づくりをめざして

かつては屍、腐敗、動物の排泄物などに囲まれていること自体が「ケガレ」と見なされたものだが、二一世紀には糞尿はリサイクル可能な資源となる。適切に処理すれば安全でエコな生産材ともなる。尿や糞に含まれる酵素を使う方が、省資源で自然の理に叶っているというわけだ。

微生物や酵素などの化学的働きを上手に使い、柔らかくしかも人体にアレルギーを引き起こさない革、すべてを土に帰すことができる革をつくる技術も開発されつつある。英国のリーズ大学ではプラスチックの一種であるポリマーをビーズに塗り、それに洗濯物の汚れを吸着させて洗浄する技術も開発された。ドライクリーニング業界はこれで使用する水の九〇パーセントを節減できるようになった。同じ原理で原皮を洗浄すれば水の使用量も大いに抑えられる。産業界の変革は日本の皮革工場でも徐々に進んでいる。そのひとつをピッグスキンの生産現場でみることができる。

「ピッグスキン」として蘇った日本の「白革」

日本がピッグスキンで世界をリードしていることはあまり知られていない。そして全国の豚革の大部分を生産するのが東京であり、しかもピッグスキンの加工場が墨田区であることも、東京に住んでいる人々すらほとんど知らない。ちなみに日本でなめされている牛皮の原皮はブラジルやカナダ、米国などから、山羊や鹿の原皮は中国から、馬皮は欧州からくるものが多い。ところが豚皮は国産一〇〇パーセントを達成している。日本の豚皮の品質は世界的に最も優れているのだという。豚を処理する大きな食肉工場が品川にあり、豚を屠畜してからその原皮がすぐさま墨田区に運ばれ、加工されるのでフレッシュなのだ。理想的な皮革製造部門との直結だ。墨田区にはピッグスキンなめし工場が日本一多い。浅草が昔から靴づくりを地場産業としていたのに対し、墨田区は革づくりを地場産業にしてきた。

この地で先代から豚革を作っている福嶋伸行さんのなめし工場を訪問してみた。彼もその父親も、大学で化学を専攻した化学者だ。エコに配慮した生産体制を整えている福嶋さんの工場ではクロムなめしを一切していない。タンニンなめしだけだ。だが普通のタンニンなめしと異なり、彼の革は雪のように白い。取引先のリストには有名なデザイナーブランドやデパートなども並んでいる。福嶋さんのつくりだした革は、環境にやさしい革として「オルガノ」と名付けられた。より白くキャンバス地のように加工して、インクジェットでプリントすることも可能だ。雪のように白い革は発色がよく、にじみにくい。肌にも優しい。「不可能といわれたタンニンなめしの白地」に挑戦した自信の白革は、エコレザーとしての世界の環境基準を満たし、海外でも胸を張って売れる。

タンニンで白を出すために、福嶋さんはかなりの研究をした。なめし過程に使われるタンニンや油脂の材料の種類と調合を研究し、その製造過程でのpH（酸性度）管理や、薬剤の投入タイミングを微細にコントロールする。それで革を白くすることに成功した。製造の秘密を守るために特許を取らない事にした。話を聞いているうちに福嶋さんが現代の魔術師のように見えてくる。かつての幻の姫路の白革が時代を超えて化学の力でピッグスキンとして生まれ変わったかのようだ。

だが化学の進歩は豚皮からエコレザーをつくりだしただけではない。皮ではない化石燃料からさえ革をつくりだした。いわゆる合成皮革だ。日本の企業は合成皮革の質を高め用途を広げる画期的な技術を開発してきた。日本の化学産業界は合成皮革業に積極的な役割を果たしてきたのだ。

第四節　革と「革」の関係

人工皮革の誕生

天然革は作るのに時間と手間がかかる。価格も高いので代用品の開発という動きが出てきても不思議ではない。一八五〇年代に登場した初期の人工皮革で知られたものはファブリコイド(Fabrikoid)だ。デュポン社がこれを買収し、一九一〇年から製造し始めた。布地に多層のニトロセルロースを塗布したものだった。自動車のシートや屋根などに使われたのだが、後に有名な皮革製品メーカーとなるルイ・ヴィトンはこのニトロセルロースに目をつけた。さっそくキャンバス地に塗り、軽くて防水効果のある旅行トランクを売りだして成功した。

第二次世界大戦後は、ノーガハイド(Naugahyde)など合成樹脂を塗布した合成皮革がつくられ始めた。しかし通気性がなく、衣類や靴には不向きだ。次に登場したのは、デュポン社が開発した通気性の高いコルファム(Corfam)だ。コルファムは靴としての使用に耐えるよう、微細な穴をあけたポリウレタンでできていた。長持ちするのと光沢があってよごれが簡単に落とせるのが利点だった。コルファムの登場以降、合成皮革開発の動きが更に加速してゆく。

一九六〇年代後半から、日本の石油化学会社もこの競争に参入した。それまでの「チープな代用品」のイメージを変える人工皮革を市場に送りだした。一九六四年には、化学の力を利用した「人工皮革」と銘打って、クラリーノやエクセーヌが日本の化学メーカーから発表され、一世を風靡した。艶ありタイプやスエードタイプがあり、雨の日でも履ける靴ができ、衣服にも人工皮革として使える。

「人工皮革」は、高性能で需要を喚起した。靴だけでなく、軽さと染色の容易さも手伝って衣料や小物にも使われるようになった今、ほとんどの車の内装にも使われている。もはや革の代用というより、それ自体でカギ括弧《かっこ》つきの「革」となったともいえる。

皮革は「人工皮革」と相補的な関係にある

合成樹脂を使った「革」は汎用性が高く大量生産もできる。天然の皮革にとっては強敵だ。しかし悪いことばかりではない。革を補完してくれる素材でもある。地球上に人間が増えると、家畜の生産は間に合わない。肉を食べるためだけに育成された家畜の皮だけで靴やバッグ類、衣料への需要を満たすには限界がある。靴底までを革でつくっていると高くついて、二足目、三足目が買えなくなる。

私たちが日常履いている「革」靴は、大抵安い。安く仕上げるために、合成樹脂でできた靴底のアッパーの部分だけに天然の革を糊づけしているからだ。スニーカーにいたっては、アッパー部分のごく一部だけが革でつくられ、天然素材のラバー、合成樹脂、キャンバス地などが一足の中に混在している。リサイクルには不向きな混合素材だが、多くの若者はこうしたスニーカーを好んで履いている。いろいろな形状の「バッグ類」でも、軽くて防水性がある合皮が喜ばれる。名だたるハイファッションのハンドバッグメーカーは、いずれも合皮と革を組み合わせたバッグをつくって高値で売っている。

取っ手やショルダーストラップ、バッグの縁取り部分にだけ天然皮革を使い、それ以外のほとんどの部分が塩化ビニールの「合皮」という代物は今ではお馴染みだ。もはや革バッグでなく合皮バッグといってもいいくらいだ。カギ括弧つきとはいえ、これらは「革」として認められるべきなのかもしれない。

高級ブランドのバッグや小物は、天然革の持つプレスティージを利用し、天然皮革を申し訳程度でもつけることでそのブランド価値を発揮しているかのようだ。合皮ならば数年で取っ手がぼろぼろになってしまうから、革を使うことで全体を長持ちさせられる。だから天然皮革と合皮は相補的な関係にあり、天然の革は高位におかれる。

だが、合成皮革が天然革を追い詰めることもある。自動車の内装に使う合成皮革がその好例だ。

「ミドリ」の憂鬱

ミドリオートレザーは一般にはほとんど知られていないが、日本でトップクラスのスケールの皮革会社だ。車の内装や座席用の革の生産では世界第三位だ。もっともミドリの革づくりの歴史はそれほど古くはない。戦後からだ。「ミドリ安全」と呼ばれ、元来は自動車工場で働く人々が履く革製の安全靴をつくっていた。現在は安全靴だけでなく車の座席の皮革をつくる会社として、日本の山形市、ブラジルや上海などでも工場を操業している。海外では「ＭＩＤＯ

RI」という愛称で親しまれ、海外の皮革専門家たちからは「日本の皮革会社というとMIDORIしか知らない」などといわれる。

広尾にあるミドリオートレザーの本社を訪問してみた。「自動車のシート生産では世界第三位」であることを誇りながらも、革の話に移ると広報の担当者は憂鬱な表情をみせた。世界で人気のある日本車のトヨタや日産の工場のそばに現地工場を作っている限り、ミドリは安泰なはずだ。何が問題なのか。そう尋ねると、担当者からは悲観的な反応が返ってくる。昨今の自動車業界には失望を禁ぜざるを得ないというのだ。日本の自動車業界は天然皮革へのリスペクトを全く失ってしまっているという。

車の皮革シートをつくる会社は世界中で苦戦を強いられている。シートは乗り心地に影響し、摩耗が激しいものだ。だからこそ、本物の革でなければならない。合成皮革と天然皮革では疲れ方も全然異なる。

超高級品は値段の点から難しいとしても、予算の範囲内でできるだけよい革を使い、乗り心地のよいシートをつくろうとミドリは提案している。ところが自動車メーカーはそれを評価しない。車のシートは安ければ安いほどいい、合皮だってかまわないという。それはあんまりだ。

だが自動車メーカーは譲らない。一般の人々は乗っても座席が天然革か合皮か分からない。

それなら高いものを使うだけ無駄というものだ。車検があるので同じ車を四年以上乗る人は日本にはほとんどいない。大抵はシートが擦り切れる前に車を下取りに出す。ならば安くて見てくれがよければそれでいい。少しくらい座り心地が悪くとも、長期使用に耐えずとも別にいいじゃないか。

だが乗り心地は正直だ。断然運転者の疲れ方が違う。ミドリはそれを知っている。そして自動車会社の見方に異議を唱える。革のシートは体に優しい。車のシートをつくる側として、合成皮革を座席に使うのは良心がとがめる。

車のシートの話をされて思い出したのが車好きの知人の話だ。高級車を買った時、本革シートのグレードがいつのまにか合成皮革に変更されていた。ディーラーに尋ねてみると、「動物愛護や環境保護の観点から合成皮革を選んだ」という。だが、正直なところ「コストの問題」がもっと重要だとディーラーは告白した。「近年合皮の品質向上が著しい中、お客様からの合皮への評価も高いですから」とディーラーは結んだ。消費者が本革の座席と合皮の座席の乗り心地の差を知りさえしなければ、多少疲れようとも「こんなものだろうな」と思うだろう。そんなメーカーの下心も見え隠れする。

ミドリは憤懣やるかたない。世界第三位の革座席メーカーでありながら、人工皮革との価格競争を強いられているとは。チープな合成皮革で、すぐに破れたり擦り切れたりするシート作りなんて顧客に対して不誠実だ。そう抗議すると、自動車メーカーは、したたかにも折衷案を出してくる。全部革でなくてもいい。だが一部に合皮を使ってなるたけ安く仕上げてくれ。「やはり何パーセント以上天然革でなければ皮革シートといってはいけない、といった業界の基準づくりが大事ですね。」そうミドリの担当者はしみじみという。だが今のところ業界がその基準づくりに向かって進む気配はない。それほど合皮は日常的に使われているのだ。だが消費者である私たちからはそんな情報は隠されたままだ。

人工皮革は倫理的な「革」か

だが別の側面から合皮を好む人々もいる。動物の皮を使っていないからいい、という「倫理的な主張」をする人々だ。皮は元来肉の添え物として生産される。牛や馬、羊を食べ、残った皮を使って革を作る。肉を取るには動物を殺さねばならない。それが耐えられないのであれば、肉を食べないことだ。それなら首尾一貫している。だが肉は食べているのに動物の革や毛皮は使ってはいけないという人々もいる。肉を食べないのに革靴を履いている人もいる。

インドのヴェジタリアンの中にはそういう人が多い。あるヴェジタリアンのインド人に質問をしたことがある。バラモンは一般に肉は一切食べないというが、履いているサンダルは革でできている。それはいいのか。彼女は率直にその矛盾を認めた。だからこそサンダルを履くときは「なるべくそのことは考えないようにしている」という。バラモンにとって、動物の屍からできたものは不浄であるはずだ。だが、いくら不浄といっても便利な革のサンダルや靴を捨てられない。だから彼らにとってベターな靴は人工皮革の靴のはずだ。案の定、彼女は「靴なら人工皮革でできているものを優先して買う。そのほうが安いし」という。だが普通のバラモンならばやはり趣味の良い革靴や革のサンダルを好む。皮を取るために動物を屠畜していてもそれを想像しなければよいというわけだ。

ヴィーガンレザーの登場

ステラ・マッカートニーはポール・マッカートニーの娘でファッションデザイナーだ。ヴェジタリアンとして育ったので、動物を如何なる形でも傷つけないことをモットーとしている。そこで、クルエルティ・フリー、すなわち残虐さを伴わない高級ファッションを唱え、実行している。持続可能性やエコを考える時、動物の皮革や毛皮を一切使わずとも「女性が着たいと思う美しいデザイン」をつくり上げられるはずだ。

彼女のような人々にとって、人工皮革や塩化ビニールを使うことはもはや「安さ」の追求ではない。「ブランディング」の手段だ。合皮にはすでに天然由来のヴィーガンレザーと呼ばれるカテゴリーが存在する。パイナップルやコルク、サボテン、マッシュルームなどの天然素材を利用した天然合皮だ。

だが、大抵の人はここまで徹底できない。牛肉や豚肉を食べておいしいと思い、その屍からとりだした革を身につける。そのほうが、環境に負荷がかからないという見方もある。石油由来の合成皮革を衣類や靴やバッグに使うことは、エコの観点からいうともっと罪深いことにもなりかねない。石油化学産業は皮なめし産業よりはるかにリサイクル率が低く、そこからできる繊維類や塩化ビニールは皮革よりもっと多くの産業廃棄物を排出している。生産過程での環境負荷をいかに避ける努力をしているかは、現代の企業にとって自社ブランドのイメージをつくり上げる重要な項目だ。

化学によって繊維や皮革を使いやすくすることは反自然にはならない、そうスタール社のコステロ氏は主張する。化学とはそもそも、物質同士の繋がりの構造を把握し、その構造を変えてより使いやすくする研究だ。自然界に存在するモノの配合や配列を変えて人間生活に役立つものをつくる。そうやって醤油や味噌、ヨーグルトなどもできてきた。着やすい繊維やアレルギーが起こらない繊維にするのも化学の力だ。二一世紀にも化学は人間生活を助けるのだ、とスタール社のコステロ氏は強調する。

高級ブランドは革と「革」のブリコラージュ

グッチやルイ・ヴィトン、セリーヌ、シャネルなどの高級ブランドが次々に開発していったのが「軽さ」と「手軽さ」を売り物にする塩化ビニールのバッグだ。これも合成皮革による天然皮革の代用品だといえる。日本に姿をみせたのは一九七〇年代で、欧州などに旅行した若い女性たちが争って買い求めていたブランドバッグだ。その熱狂ぶりを見て、高級ブランドはすぐさまこれが儲け頭になると気づいてゆく。

当時若い日本のＯＬ(企業で事務職についている女性たち)が買い漁った塩化ビニールのバッグは、ストラップなどに本物の高級革を少しだけあしらったものだった。高級ブランドのモノグラムが本体に印字されていて、すぐにどのブランドかが分かる。軽くて持ちやすく、汚れにくく、しかも値段も手頃で海外旅行のお土産には恰好のアイテムだ。

だが、当時の日本のファッション評論家たちは、そんなＯＬたちを口を極めて非難した。ルイ・ヴィトンの真骨頂は、やはり革のトランクやスーツケースなどの「本物の」革製品だ。あんな塩化ビニール製のバッグは「本物の」革の鞄を知らない庶民のものだ。たかがＯＬが、フランスでヴィトンを買えたといってはしゃいで持っているのは見苦しい。「本物を知らないで上流ぶっている哀れな輩」とばかりに、悪意ある評論家たちはルイ・ヴィトンやシャネルのバッグをファッションアイテムとして持ちはじめた若い女性たちを批判した。

それから四〇年余りの時が過ぎ去ったが、有名ブランドによる塩化ビニール製バッグの人気が衰える兆しはない。むしろ進化し、成金だけでなく本物の金持ちにも大いにうけている。かつて日本の評論家たちが祭り上げたヴィトンの大型トランクにしても、実は木のトランクの上に塩化ビニールを貼り付けたものだと、今日では多くの人が知っている。ヴィトンがいち早くとりいれた塩化ビニールだけでなく、合成ゴムやエクセーヌなども今日ではハンドバッグに多用されている。しかも、一つのバッグの中で異なった素材が併用される「ブリコラージュ（つぎはぎ）」化が激しくなっている。

日本の皮革産業は破壊的技術革新についていけるか

革を全く使っていない、いかにも「チープな」感じのきらきらした透明のバッグすら有名ブランドが売り出している。わざわざグッチやヴィトンのロゴを捻ってまがいもの風に、剽窃したかのように装うことすらある。あたかも持ち主が手書きでロゴを描き、ペンキが流れたかのようだが、実はそれが本物のグッチやエルメス、ヴィトンだという驚きの展開だ。これらも高値で取引される。こんな記事を読んでいると、もしかしたら塩化ビニールやパイナップルの葉や芯からできる「革」が主流となり、動物の皮から作られた革がアンティークとして独自の価値を持つ時代が来るのではないかとすら思えてくる。

こんな変化の中では、皮革以外の「革」にもビジネスチャンスを求めていく必要があるかもしれない。欧米の皮革産業界では、いち早く本業の革づくりだけでなくパイナップルの繊維で作るピナテックスの生産を始めるところも増えている。元来人間が消費する牛肉や羊肉の余りものとして出てきた皮を処理したのが皮革だった。エコの視点からすればパイナップルの葉や芯もコルクも余りものには違いない。「皮革」として作り直すことは可能だ。動物性の素材からできた皮革と植物性の素材からできる「皮革」を共存させ、ビジネスとして成り立たせるのは理に叶ったことなのかもしれない。

「サステナビリティ」は今日、世界の企業倫理として根づきつつある。企業は社会と共存し、発展を続けるために従業員の労働環境を守らなければならない。ビジネスをエコフレンドリーに運営しなければならない。環境からも人的資源からも搾取がないビジネスを運営してゆくのが二一世紀の企業だ。パイナップルの葉や芯でつくった繊維は環境負荷を減じるからビジネスとして取り入れる。売れているから取り扱うのではない。

一九世紀までの豊富な労働力を背景とした日本の産業界の労働倫理には、無制限な労働力の投入を美徳とする考えもあった。製品としての完成度だけを見て「高級品」と評し、原料の入手が難しいことに価値を見出すこともあった。だが二一世紀は製品の価値について大きな変化を経験している。環境は有限であり、労働力も有限だ。どちらも搾取せずにリサイクルに励まなければ人間社会はたちゆかない。日本ではともすれば長時間働くことが美徳と考えられてきた。だが、その仕事に新たな発見を付け加えられるのは人々が強制されて働くときではない。働くことと遊ぶことを一体化させるときにヒラメキが出てくるはずだ。人間が働くことにともなって資源が費やされることを考えなければならない時代、労働力を湯水のように使うことは許されない。人々が知恵を絞り考えぬくには自由になる時間も必要だ。様々な技術を生み出し皮革産業に貢献してきた日本にとって、今世紀最大の挑戦はいかにして「自由になり、豊かな発想ができる時間」をつくりだすかということではないだろうか。

終章　ポスト・コロナ禍時代のファッション倫理と革

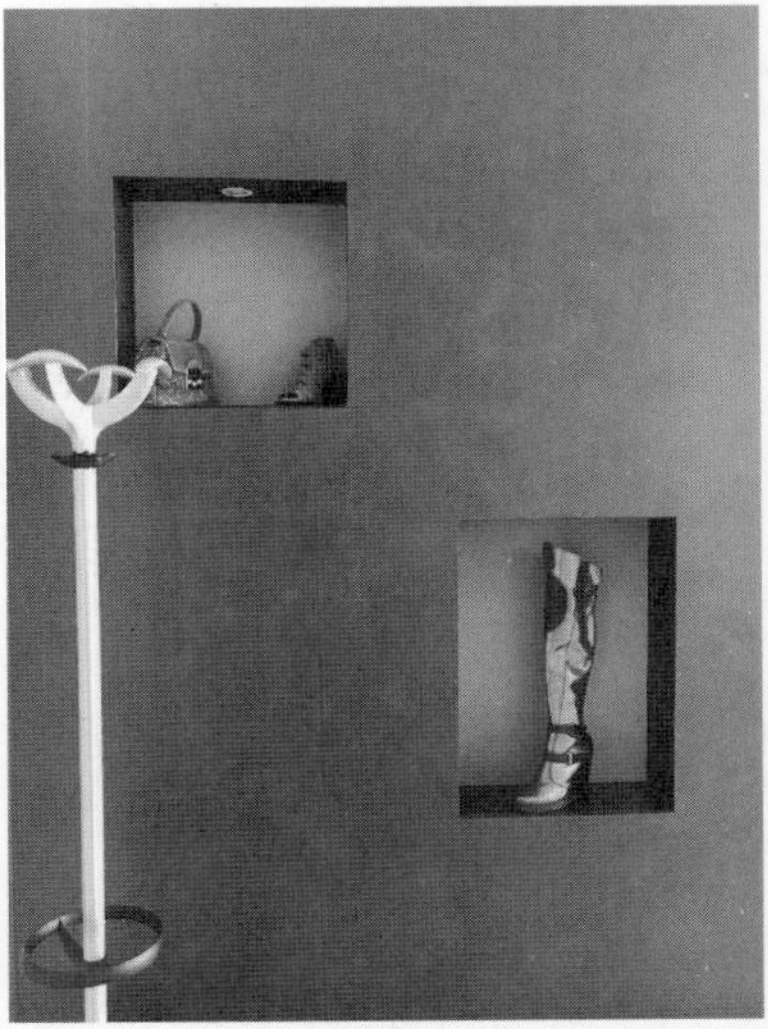

サンタクローチェの皮なめし工場の事務所に飾られた皮革製品(2017年，著者撮影)

第一節　関係性という「魔力」

皮革がつくる「体験」はモノと人との関係づくり

ファッションのすべてがインターネットで完結するわけではない。特に革はそうだ。革の良さはじかに触れてみなくてはわからない。ここに厳然とした人工皮革との差異がある。様々な革が様々なテクスチャーを持っている。じかに触ることによってのみ自分が欲しているものかどうかを確かめられる。だから「実際に触って革を感じてもらうために各国での展示をやめるわけにはいかない」と、リネアペレのフルヴィア・バッチさんは強調する。

実際に手を触れてみることは品物と自分とのコミュニケーション、関係性をつくりだす重要な第一歩だ。それで革が持つ魔力を感じることになる。そこにモノをつくり上げた職人たちを感じることができる。「触って確かめてみてください。革は長生きです。ちゃんとつくられた上等の革だったら一〇〇年でも持ちます。絹や綿、化学繊維だったらそんなには長持ちしませんよ。人工皮革なら数年でボロボロですよね。」

フルヴィアさんは「ファッションは関係性の総体からなる」と言う。もっと進んで「人々の協力の総体とすらいえる」と言う。関係は協力し合い一緒に仕事をしなければ維持できない。だから関係を維持し続けネットワークを途切れないようにしなければファッションはつくれない。「だが残念なことに、多くのインターネット世代は関係性によってモノがつくられていることが分からない。実感できない。実際にこの革を触ってみて、想像してほしい。どれほど多種多様な人々がこれをつくるのに力を合わせ、協力しているかを。そこに職人性、専門性が見えてくるはずです。」

フルヴィアさんの話を聞きながら、筆者はこうも思った。批判されるほどインターネット世代が職人性を軽視しているとは思えない。彼らは職人たちがつくったモノに憧れてさえいる。だが、具体的にどのように職人たちがモノをつくっているかを見たことがない。だから想像力が働かない。モノがいかにしてつくられているかを体験なしで想像するのは難しい。革は触ってみて初めて自分に語り掛けてくる。それで職人への思いや尊敬も生まれる。革は所有しようとする人がそれに触れるという「体験」を要求する。体験とは関係性をつくることだ。革は特にその関係性を強く要求する素材だ。インターネットでの情報は確かに大量で有益だ。しかしそれだけでは十分ではない。現実に見たり触れたりする体験で補い、自分との関係性をつくる必要がある。

欧州には皮革の歴史を説く様々な博物館がある。かと思うと多種多様な美しさに特化し「魅せる」美術館もある。英国のノーサンプトンでは皮革の歴史を絵や実物で見たり触ってみたりすることができる博物館がある。皮革づくりに携わった人々の証言を聞くこともできる。スペインの皮革生産で有名なイグアラダには皮革の歴史を体験できる博物館が二つある。グッチやルイ・ヴィトン、エルメスなどの高級ブランドはイタリアやフランスでいずれも自前の美術館を持ち、やってくる観光客に豊富な知識と体験を提供する。

人々は具体的に手で触れ、目で見るものを体験として記憶に留め、モノと自分との新たな関係づくりを始める。その土地がどんなところかを簡便に見聞きし体験できる博物館や美術館は、訪問者をその土地に惹きつけ関係性をつくり出す役割を果たす。土地の雰囲気、文化を多少なりとも理解することでまちの「スピリット（精霊）」を感じることができる。

ゲニウス・ロキ（場所の精霊）が示す人と土地との繋がり

二〇一七年の晩秋、私は東京で開かれたサンタクローチェの天然なめし革協会が主催するセミナーに参加していた。二〇〇九年から毎年ニューヨークと東京で開かれているセミナーで、イタリア大使館の会場を借りて、革づくりの人々が実際にイタリアから来日する催しだ。講演者たちは協会のスタッフと皮なめし職人の代表で、職人の仕事ぶりについて話してくれる。「日本人と私たちイタリア人には共通する価値観、審美眼があります。」彼らは日本とイタリアの共通点から話し始めた。「日本とイタリアの人々の共通点とは、モノが作られた背景、その経緯に対して一貫した興味を寄せることです。そして伝統へのリスペクトです。」聴衆に混じっている若いデザイナーの卵たちは熱心に聞き耳をたてる。自分たちはそれほど伝統に敬意を払っているのだろうか？といぶかしく思っている表情をしている。筆者も「果たしてそうだろうか」と怪しくなる。だがスピーカーのイタリア人はお構いなしに話を続ける。

スライドやビデオを使いながら、これが「私たちの歴史」「私たちの価値観」と参加者の価値観に訴えかける。顔に深い皺を刻んだ古老の皮なめし職人がビデオから語り始めた。長年のタンニンなめし作業で彼の指は節くれだち太く黒ずんでいる。カメラは職人たちの皺の刻まれた顔を映し出した後、彼らが使っている道具類へと回り込んでゆく。そして今度は油入れの工程に励む若い職人を映し出す。古い世代から若い世代への継承がゆっくりと進んでいることが暗示されている。カメラは徐々にその映像をトスカーナの黄金色に実った広大な農園風景へとだぶらせてゆく。

ビデオが終わると、ステージのスピーカーが、「ここにあるのはアルテです」と訴える。アルテ、すなわち技術は、芸術(アート)でもあるのです。」

「職人とはきちんとした製品をつくれる人です。つくられた製品のクオリティとは、どれだけ長く使えるかです。壊れたら、修理する職人がいるかどうかは大事なことです。直せる条件は、その製品がもとからちゃんとつくられていることです。下地がちゃんとしていないと塗り直しできない。古くなると崩れるのはチープな製品です。きちんとした製品がつくれなければ直せる職人の技術も育たないのです。ちょっとだけ使って、直せないから捨てる。そんなものは環境にとっての損失です。反対に、品質がよければ長く使える。まるで私たちの相棒のように寄り添ってくれる。一緒に年を取って、より美しくなる。手も皺もその人となりの一部です。」「こだわり、ものづくりの技術、それらが革にはすべて詰まっています。そんな職人たちの伝統は、トスカーナの土地に住み着いた守護霊、すなわちゲニウス・ロキが守っているのです。それは職人たちの歴史を見守っている魂でもあります。」

ゲニウス・ロキ(Genius Loci)とはラテン語で、「場所の精霊」という意味だ。土地の守護霊、日本ならば村の鎮守神のような、はっきりとは目に見えないが場所を特徴づける雰囲気や土地の特性を示している。

建築家たちの間では、時としてゲニウス・ロキはあたかも実体があるように扱われることもあるという。その土地に建物を建てる場合、あるいはその土地にふさわしいタウン・プランニングをする場合、彼らはその土地を特徴づける漠然とした要素をできるだけたくさん収集してゲニウス・ロキを捉えようとするのだ。歴史や文化の蓄積によって生み出されるモノ、類型化できないモノ。まさにその土地固有の価値やそれを体現している特別な場所でもある。それらの総体がゲニウス・ロキであり、その土地のブランディングを形作れるものだ。

「私たちは世界に蔓延する大衆化、没個性化と闘っています。文化を決しておろそかにしてはなりません。文化と伝統を守るために私たちは闘っているのです。天然なめしの革にはその力があります。」サンタクローチェという土地のアイデンティティとサンタクローチェ産の天然なめし革を重ね合わせてゆく語り口に、聴衆は思わず引き込まれてゆく。

皮革のアイデンティティを映し出すＳＮＳと商品のタグ

壇上のスピーカーはここで協会のウェブサイトにある品質保証タグの説明に移る。現代の職人性を知らしめるためには、インターネットによるネットワーキングが不可欠だ。彼らはＳＮＳを駆使して様々な情報を発信してもいるが、もっと天然なめし革協会の情報にアクセスして欲しいと訴えかける。

サンタクローチェの天然なめし革の品質保証と歴史、経験の「見せ場」が詰まっているウェブサイトの説明が始まり、天然なめし革協会のロゴマークとタグの説明へと話が移ってゆく。たった四行の製品タグに要領よくまとめられているのは彼らの「アイデンティティ」、つまりブランディングのエッセンスだ。商標が自信をもって規定するタグの内容は素材、なめし技法、生産場所を特定することができる。QRコードに携帯をかざすとインターネットの天然なめし革協会のサイトに導かれる。重要な情報はコンパクトにまとめられ、サンタクローチェの「天然なめし」がいかに環境負荷に配慮してつくられているかを証明している。同じサンタクローチェ産でもクロムなめしは彼らの範疇ではない。「天然なめし」の革はクロムなめしとはまったく異なった高次元のグレードだ。

だがすぐれた品質だけではない。そのサイトが説明するように、イタリアの「天然なめし」というブランドには土地の文化が豊かに息づいている。サイトには説明書きとともにビデオクリップも用意されていて、タンニンなめし工場やサンタクローチェのまちが位置するトスカーナの自然に触れる映像を見ることができる。

天然皮革のメッセンジャーとして活躍するネモ船長

ステージ上のスライドに最後に登場したのは、実在する初老の男性だ。この男性をモデルにコミックの主人公が作られたという。ネモ船長という名で、上腕に錨の刺青がある。かつては船乗りだったという設定だが、今は探偵をしている。使い込んでキャメル色になった天然なめしの革のブリーフケースをしっかりと抱きかかえ、トレンチコートを着込んで海外に謎解きの旅に出る。彼が出没する場所はトスカーナやミラノ、ニューヨーク、そして東京だ。これらの都市ではイタリア製の天然なめし革が最もよく売れる。ネモ船長が活躍する殺人事件もひんぱんに起きる。当然船長は出張を重ねる。

コミックには東京のスカイツリーの下に広がる浅草も登場する。「強烈ホルモン」「一頭買い」などの焼肉屋と革屋の看板がひしめく下町とスカイツリーを背景に、天然なめしのバッグを抱えたネモ船長が殺人事件の謎を追っていく設定だ。事件のパズルを解きながら、天然なめし革の秘密を解き明かし、その魅力を読者の前で語る。「ゲニウス・ロキ」の一部がインターネットによって息を吹き返し、ネモ船長として世界各地にメッセージを伝えてゆく精霊となったかのようだ。

「職人がつくった革」という「モノ」は、職人の伝統がダイナミックに息づいている場所を必要とする。革に触れる体験を経験に深めるために、革づくりをしている場所を、私たちの革がつくられるトスカーナを訪れてほしい、と天然なめし革協会の人々は再び訴えてステージを下りた。

第二節　サステナビリティとブランディング

グローバル化時代の地産地消とは

サンタクローチェからやってきた人々の話を聞きながら、筆者はふと地産地消ということを考えていた。あのトスカーナの見事に実った黄金色の麦の畑やブドウ園の近くで取れた革ならば、何も東京で売らなくとも、その付近で加工し、その近隣地区で製品に仕立てて販売するほうがよいのではないか。

東京やニューヨークで売ることは素晴らしいことかもしれないが、日本にも、イタリアの革づくり人が「自分たちの革と同じくらい、良いものだ」と認める日本の革がある。それなら日本の消費者にはイタリアよりもっと近場でできた革でつくった製品を買うほうが理にかなっているのではないか。バッグの金具が壊れたら、近場ならばすぐに修理ができる。やはり土地と結びついたサービスをすぐに受けられるほうがよいに決まっている。サンタクローチェからの訪問者たちには悪いが、サステナビリティの原理を考え、地産地消に徹するならば、日本人は日本の皮革でつくった革製品を持つ方がずっと理に叶っている。

そう思いだしたのには理由がある。今から六年ほど前、ドイツのオッフェンバッハを訪れたことがある。そこの皮革博物館を訪れたときに出会った主任研究員のアンナさんがこう言った。「素晴らしい革製品をつくりたかったら屠畜場のすぐ近くに皮なめし工場を建てることです。そこですぐさま加工し、バッグや靴をつくります。そしてその製品を半径五〇キロメートルくらいの範囲でのみ消費するのです。」

これは実話に基づいた話だった。あるとき米国から革製品のバイヤーがやってきた。土地の業者は屠畜場の近くにある自社の革製品の工場につれていった。米国人バイヤーはできたバッグを手に取って、素晴らしい最高級の手触りに感動した。是非ともこの製品を輸入したいと案内してくれた業者に訴えた。だが彼は、即座にノーと言った。「それはできません。この工場と近くの屠畜場のキャパシティを超えているのです。もしこのような製品が欲しければ、あなたも自分の国で同じようなシステムを作り、半径五〇キロメートルの範囲でだけ販売すればよいのです。」

地産地消の革のバッグが実はとんでもないぜいたく品だということをその話は語っていた。若い人々はその革でつくられた地元のバッグが欲しくなり、旅行者となってこの地を訪れるかもしれない。そこで同じ工場でできた革でつくるバッグ工房を見つけ、そこで買えるバッグを手にして感激するかもしれない。そこでしか買えないバッグと自分との関係性が生まれるためだけにこの地に旅行を企てるのだ。

これは現在の大量生産による高級ブランド製品の作り方とは逆行したやり方だ。だが、絵空事ではない。レッドウッド教授がコロナ禍の中での新しい傾向として指摘した、「比較的知られていないブランドを自分で探し出す喜び」に夢中になっている若いアジアの女性たちの話を思い出す。それがこれからのトレンドを形成してゆくかもしれない。

地産地消の担い手たちが唯一無二の製品をつくろうとするなら、大量生産はできない。土地の人々と現地に買いに来てくれる人々だけに売ってゆくだろう。インターネットを介在させたビジネスであれば、生産者と顧客を直接結びつけられるから遠くの国にいてもこの品を買い求めることはあるいは可能かもしれない。産地と直接繋がり、それを入手するためにかけた手間と時間を思い、購入者はその品を大事にするだろう。留め金が壊れたら修理に送って直してもらうかもしれない。「大量生産されたブランド品」ではなく、近場で捌ける数だけ生産される。

皮革製品のそんな「体験」を求めて人々はインターネットを経めぐり、そして旅行に出かけるかもしれない。サンタクローチェの人々が言っていたように、修理ができる製品であることがぜいたく品の絶対条件だ。それを修理する職人群が出現し、修理屋ですらそれだけで生活できるようになれば産業振興になるはずだ。ちょうど江戸時代に雪駄の修理で皮田の人々の暮らしが潤っていたように。

改めてファッション倫理とサステナビリティを問う

二一世紀の産業倫理の中では地産地消の重要性が強調されている。サステナビリティと環境保全も重要だ。

たつのの若い皮革業者の人々と英国のレッドウッド教授を交えたオンラインセミナーが開かれた。その中で、ふと参加者の石本晋也さんが質問を投げかける。

「英国のＬＷＧについて教えてください。私たちもＬＷＧに参加する必要があるのでしょうか。」

ＬＷＧとは英国にあるレザー・ワーキング・グループのことだ。第三者基準による皮革関連企業の監査を行っている。会費は高額だが、この組織が委託して行う第三者基準の監査は国際的に高い評価を得ている。審査をパスするのは容易ではないが、パスすること自体がその皮革工場がつくり出す皮革の品質と製造環境の良さを示すお墨つきとなり、ブランド力の強化になる。審査は生産する皮革のクオリティを見るだけではない。経営内容の健全さ、従業員の労働環境、労働条件、工場の排水処理の適切さと廃棄物のリサイクル率や工場運営の適切さも査定されるように、きわめて包括的だ。サステナブルな社会にふさわしい健全で良心的な企業だと認証されればそれがブランドになる。

こうした監査を受ける必要性は近年あらゆる業界で高まっている。二〇一五年に国連が各種の専門家を動員して描き上げた一七目標にわたるＳＤＧｓがこれらの産業基準の下敷きになっており、高いレベルの商取引を行うためにはそれぞれの産業セクターで、いかに持続可能な世界を維持することに企業として貢献しているかを示す必要がある。持続可能な社会では、人々は働き甲斐のある仕事に就き、人間らしい生活を送り、つくる側の責任と使う側の責任の両方を負う。そのためには高い倫理性が必要だ。従業員だけでなく、サプライチェーンの一環として途上国の工場が加わっているのであれば、その工場の労働者の労働環境も査定される。現地の環境を汚染する事業をやってはならない。それらの倫理規範を守りながら経営することは決して楽ではない。だがそれをあえて行うことこそが二一世紀のブランディングに直結するのだ。

レッドウッド教授によれば、認証評価をする協会は英国だけでなくイタリアやドイツにもある。教授は日本とイタリアの中小なめし業者が手を組むことで得られる利益を強調した。「断言できますが、日本の皆さんのほうがイタリアのカウンターパートよりずっと得をするでしょう。例えば、彼らの工場を訪問したり、どんな風に効率的に運営され、どんなふうに顧客と共同開発し、どうマーケットを調査しているかを見ることは重要です。そしてどんな機械をいれているかなどもじっくり見せてもらい、出来るなら真似してみることです。お互いの良いところを勉強し、得意な分野を伸ばせば共に栄えることができます。」

イタリアの革と日本の革が並列されれば「日本の革はイタリアの革と同じくらい質のよいものだ」と、日本の消費者に改めて認識させることにもなるだろう。

「たつのに近い観光地の姫路にアンテナショップを出したらどうでしょう。その一角にたつのや姫路の皮革づくりの博物館をつくるのです。人々は二階の博物館で日本の皮革についての知識を得ながら学習し、感銘を受けます。そのあとで階下に降りていくと、自然に買い物をしたくなるはずです。手触りも見栄えも好きずきですから、日本の革もイタリアの革もそれぞれお客がつき、結局両者にとって得になるでしょう。」

日本の革が土地の利を生かして最高級のものを取りそろえるならば、イタリア側はむしろ引き立て役になるかもしれない。薄利多売ではなくよい品をじっくり売っていく環境はつくる人にもやりがいを与えるだろう。

実はそうやって協働する試みを始めることが不可欠な状況が生まれつつある。今までイタリアやスペインの革に課されていた日本の関税という障壁が取り払われる日が近いからだ。日本はEUとの間に二〇一九年にEPA（経済連携協定）を結んだ。EUへ輸出する日本からの製品の関税の約九九パーセントが数年以内に徐々に撤廃される。当然ながら日本側がEUから輸入する物品の関税もほぼ同じだけ撤廃される。この品目の中には皮革も入っている。イタリアやスペインの革は早晩日本に関税なしで入ってくることになるのだ。関税撤廃時代に備え、イタリアの皮なめし業者は喜びを隠せない。「楽しみにしている」とまで言う。だが、手をこまぬいているだけではなく、イタリアの天然なめし革などの特徴のある中小皮革業者と日本の皮革業者が組み、日本国内のマーケットでのすみ分けと協業を可能にする余地を生むことができれば、双方のブランディングにプラスになるはずだ。

サステナブルな社会をつくるという共通の目的にコミットし、経営の透明性を保ってゆくのは容易なことではない。皮革業界ではクロムなめしからの脱却やAIやロボットの活用、バイオテクノロジーの活用なども奨励されてゆくだろう。それだけではなく、皮革の代替品の製造に皮革業界自体が進出してゆく動きもある。石油由来の合成皮革ではなく、ヴィーガンレザーの領域だ。

牛や馬はとうもろこしや小麦、大麦、大豆などの穀物で生育されている。五〇〇グラムの牛肉を得るのに五・五キログラムもの穀類を必要とする。一キログラムの牛肉の生産のために一万五〇〇〇リットルもの水を使ってしまう。それほどの資源を消費するならばむしろ人間が直接穀類を食べて肉食を控えたほうがよさそうだ。そうすれば水も食料もだいぶ節約できるはずだ。肉食はなくならないが、今必要とされないのに大量に蓄えられているチープな肉はだいぶん少なくなるはずだ。資源も水も有限な二一世紀の世界では、牛肉や豚肉、馬肉などはぜいたく品になるのもやむを得ないかもしれない。肉より穀物を多く食べ、大豆で作ったソイミートを代替にするようになるかもしれない。原皮の供給は制限される一方、よい原皮のみが皮革に加工されてゆく時代になるだろう。

これは決して悪い話ではない。安物の革製品の流通を少なくし、中古の革製品を再利用する。皮革製品はもっと高級化するだろう。皮なめし工場では牛革だけでなくパイナップルの葉や芯からつくられるピナテックスを生産して全体の売上を伸ばせばよいではないか。実際にその動きは欧米ではすでに出現している。

限られた皮革を大事につかうほうが環境保全にはいい。皮革関連の仕事がなくなるわけではなく、むしろ皮革製品の修理に従事する人々が増える。チープな革製品をつくっては使い捨てにするより、そのほうがよほどいいのではないだろうか。

それが二一世紀の倫理が指し示す方向のような気がしている。カギ括弧つきの「天然皮革」あるいは「ヴィーガンレザー」としてのピナテックスやコルクの「革」が、徐々に日常生活に馴染んでくる日も近いだろう。

これは本物の革にとっても決して悪い話ではない。高級化した皮革は適切な職人の手によって、ますます魅力的な高級素材になるはずだ。職人が腕を振るい、高級な服、バッグ、靴などを本当にそれらが欲しい人たちのために一生懸命につくる。私たちは中古の仕立て直しの皮革を大事に着、それをリサイクルしてゆく。人から人へと所有者が移るに従い、歴史を加え、その魔力を増していく革。一〇〇年経っても修理したり仕立て直して着続けることで、私たちの後の世代にも革製品は受け継がれてゆく。

未来の社会でもアウトローの若者たちは出現し続けるだろう。革は彼らのレジスタンスの象徴として着続けられるにちがいない。

若干異なるのは彼らの革ジャンやパンツは新品ではなく、リサイクルされた革となることだ。

だが、そうしてリサイクルして末永く着続けてこそ、かつて生きていた動物たちの魂も浮かばれる。そんな未来がコロナ禍が明けた世界に広がってゆくような気がしている。

流行が変わり、ファッショントレンドも変わっていく世界には違いない。だが、そこに現れる革は様々だ。二一世紀の倫理を表現するファッションが展開され続ける未来を想像しながら、最後までお付き合いいただいた読者の皆様に感謝を込めて、ここで筆を擱くこととしたい。

あとがき

本書は科学研究費助成事業・基盤研究「伝統的皮革業集団の多文化比較におけるディスコース分析の可能性」(課題番号：16K4098)、および「グローバル皮革産業におけるネットワークの研究――サンタクローチェを基点として」(課題番号：19K12510)の研究成果によって書かれました。記して日本学術振興会への謝辞と致します。

本書執筆にあたっては、岩波書店編集部の中山永基氏に草案の段階から様々な提案を頂戴し、テーマを発展させることができました。こうして岩波新書の一冊として筆者の研究成果の一部を一般の方々に広くお届けすることができ、感謝に堪えません。また、青松寺住職の釜田尚紀氏と駒澤大学教授の白鳥義博氏には試読をして頂き、様々なコメントを頂戴致しました。記して厚く御礼申し上げます。本書を書くにあたり、たつの市の若い皮革専門業者でつくるTATSUNO LEATHERの皆様方、歴史研究家のびしょうじ氏、浅草ものづくり工房の城一生氏など、多くの方々に貴重な情報をご提供いただきました。記して謝辞とさせていただきます。

最後に、本文で言及したヴァージル・アブロー氏が本書執筆中に逝去されました。記してご冥福をお祈りいたします。

二〇二三年四月

西村祐子

西村祐子

駒澤大学総合教育研究部教授．London School of Economics（LSE，ロンドン大学）にて社会人類学博士号取得．著書に『革をつくる人びと——被差別部落，客家，ムスリム，ユダヤ人たちと「革の道」』（解放出版社，2017年），『草の根NPOのまちづくり——シアトルからの挑戦』（編著，勁草書房，2004年），*Gender, Kinship and Property Rights: Nagarattar Womanhood in South India*（Oxford University Press, 1998），*Civic Engagement in Contemporary Japan: Established and Emerging Repertoires*（Henk Vinken らと共著，Springer, 2012）などがある．

皮革とブランド
変化するファッション倫理　　岩波新書（新赤版）1975

2023年5月19日　第1刷発行

著　者　西村祐子《にしむらゆうこ》

発行者　坂本政謙

発行所　株式会社 岩波書店
〒101-8002 東京都千代田区一ツ橋2-5-5
案内 03-5210-4000　営業部 03-5210-4111
https://www.iwanami.co.jp/

新書編集部 03-5210-4054
https://www.iwanami.co.jp/sin/

印刷製本・法令印刷　カバー・半七印刷

ISBN 978-4-00-431975-7　　Printed in Japan

岩波新書新赤版一〇〇〇点に際して

ひとつの時代が終わったと言われて久しい。だが、その先にいかなる時代を展望するのか、私たちはその輪郭すら描きえていない。二〇世紀から持ち越した課題の多くは、未だ解決の緒を見つけることのできないままであり、二一世紀が新たに招きよせた問題も少なくない。グローバル資本主義の浸透、憎悪の連鎖、暴力の応酬――世界は混沌として深い不安の只中にある。

現代社会においては変化が常態となり、速さと新しさに絶対的な価値が与えられた。消費社会の深化と情報技術の革命は、種々の境界を無くし、人々の生活やコミュニケーションの様式を根底から変容させてきた。ライフスタイルは多様化し、一面では個人の生き方をそれぞれが選びとる時代が始まっている。同時に、新たな格差が生まれ、様々な次元での亀裂や分断が深まっている。社会や歴史に対する意識が揺らぎ、普遍的な理念に対する根本的な懐疑や、現実を変えることへの無力感がひそかに根を張りつつある。そして生きることに誰もが困難を覚える時代が到来している。

しかし、日常生活のそれぞれの場で、自由と民主主義を獲得し実践することを通じて、私たち自身がそうした閉塞を乗り超え、希望の時代の幕開けを告げてゆくことは不可能ではあるまい。そのために、いま求められていること――それは、個と個の間で開かれた対話を積み重ねながら、人間らしく生きることの条件について一人ひとりが粘り強く思考することではないか。その営みの糧となるものが、教養に外ならないと私たちは考える。歴史とは何か、よく生きるとはいかなることか、世界そして人間はどこへ向かうべきなのか――こうした根源的な問いとの格闘が、文化と知の厚みを作り出し、個人と社会を支える基盤としての教養となった。まさにそのような教養への道案内こそ、岩波新書が創刊以来、追求してきたことである。

岩波新書は、日中戦争下の一九三八年一一月に赤版として創刊された。創刊の辞は、道義の精神に則らない日本の行動を憂慮し、批判的精神と良心的行動の欠如を戒めつつ、現代人の現代的教養を刊行の目的とする、と謳っている。以後、青版、黄版、新赤版と装いを改めながら、合計二五〇〇点余りを世に問うてきた。そして、いままた新赤版が一〇〇〇点を迎えたのを機に、人間の理性と良心への信頼を再確認し、それに裏打ちされた文化を培っていく決意を込めて、新しい装丁のもとに再出発したいと思う。一冊一冊から吹き出す新風が一人でも多くの読者の許に届くこと、そして希望ある時代への想像力を豊かにかき立てることを切に願う。

（二〇〇六年四月）